NCS

NCS기반 베이직 업스타일

저 자

어수연 한성대학교 예술대학원 뷰티예술학과 교수

손지연 한국영상대학교 방송헤어분장과 교수

진용미 서경대학교 미용예술학과 교수

유세은 여주대학교 뷰티헤어스타일과 교수

강주아 건국대학교 미래지식교육원 교수

NCS

머리말

고객의 개성을 돋보이게 하고 아름답게 표현하기 위한 여러 가지 헤어스타일 연출 중에서도 업스타일 연출은 격식과 창의력이 결합되어 표현되는 중요한 작업입니다. 현재의 업스타일은 특별한 예를 갖춰야 하는 자리부터 일상의 가볍고 자연스러운 업스타일까지 그 폭이 많이 넓어졌습니다.

업스타일 연출에 있어 많은 헤어디자이너들이 어려움이 있다고 말합니다. 그러나 업스타일은 기본 테크닉을 반복 연습을 통해 익힌 다음 이를 바탕으로 새로운 디자인을 더해서 다양한 나만의 작품을 만들어 낼 수 있는 분야입니다.

'NCS기반 베이직 업스타일'은 NCS(국가직무능력표준)를 기반으로 미용현장에서 업스타일 업무를 수행하기 위해 요구되는 지식, 기술, 태도 등을 체계화하여 담았습니다. 현업에 종사하는 미용인뿐만 아니라 미용 관련 학과 학생들이 미용 현장의 업스타일 업무를 성공적으로 수행하는 데 많은 도움이 되고자 노력하였습니다.

마지막으로 한 해를 넘기고 새해까지 계속된 교재 작업을 같이해 주시고, 끊임없는 격려와 후원을 해주신 모든 분들께 마음 깊숙이 감사의 뜻을 전합니다.

2018년 3월

저자 일동

Contents

Chapter 01

Chapter 02

Contents

Chapter 03

NCS기반 베이직 업스타일

National Competency Standards

NCS

01

1. 교과목 프로파일

교과목 정보					
교과목명	베이직 업스타일	이수구분	전공	시 수	3
학년		학 점	3	이론/실습	1 / 2

직무명 및 NCS 능력단위			
직무명	능력단위	능력단위코드	학습모듈
헤어미용	베이직 업스타일	**1201010138_16v3**	□유 / ■무

교과목 개요 및 특징	**[교과 개요]** ●고객의 미적요구를 충족하기 위한 헤어미용 서비스로 고객의 외형적 특징, 트랜드 등을 반영하여 적합한 디자인을 설계하고 세트롤러와 기기를 활용할 수 있는 능력을 기른다. ●다양한 테크닉과 예술성을 기본으로 신체조건 및 시술목적에 맞게 업스타일을 조형적으로 디자인 할 수 있는 테크닉을 숙달할 수 있도록 한다. **[교과 특징]** ●시간, 장소, 목적에 필요한 업스타일 디자인을 위해서는 개인차에 따른 두상 및 얼굴형에 어울리는 디자인 형태를 표현할 수 있도록 구도와 그에 따른 디자인 기법 및 디자인 법칙을 이용할 수 있어야 한다. ●본 교과는 1:1 개인 실습, 팀별 실습 중심의 교과목으로 운영된다.
교육 목표	●업스타일을 위해 사전에 모발 상태와 시술 목적에 따른 스타일을 결정할 수 있다. ● 헤어 세트롤러 또는 전기 세트롤러를 사용하여 시술 목적을 고려한 와인딩 방향과 각도를 조절하며 와인딩할 수 있다. ●디자인에 따른 기본 테크닉을 이해하여 시술(블로킹, 빽콤, 토대 형성, 핀 처리 등)할 수 있다.

<table>
<tr><td>교육 내용</td><td colspan="13">1. 헤어 세트롤러하기
· 시술 목적을 고려하여 일반 헤어 세트롤러 또는 전기 세트롤러를 사용하기

2. 베이직 업스타일 하기
· 모발 상태와 시술 목적에 따라 스타일을 결정하기
· 업스타일을 위해 사전 작업하기
· 업스타일의 기본 테크닉을 작업하기
· 디자인을 고려하여 브로킹, 빽콤, 토대형성, 핀 처리 하기

3. 베이직 업스타일 마무리하기
· 디자인에 따라 헤어스타일 제품을 사용하여 업스타일을 마무리하기
· 업스타일의 전체적인 균형을 체크하고 디자인을 보정하기
· 고객의 만족을 확인하기</td></tr>
<tr><td rowspan="2">장비 및 재료</td><td colspan="6">장비 및 도구</td><td colspan="7">재료 · 자료</td></tr>
<tr><td colspan="6">· 거울과 의자
· 블로우 드라이어
· 전기 헤어 세트롤러
· 일반 헤어 세트롤러
· 브러시, 꼬리빗, 업스타일용 빗
· 어깨 보</td><td colspan="7">· 헤어 핀셋업스타일용 핀, 고무줄 등의 업스타일 재료
· 헤어 싱, 망, 업스타일 장식용 핀, 소품 등
· 업스타일 연습용 통가발
· 헤어 스타일 연출 제품(헤어보습제, 스프레이, 왁스 등)
· 헤어 드라이기 사용설명서
· 전기 헤어 세트롤러 사용설명서
· 헤어스타일 북
· 헤어디자인 북</td></tr>
<tr><td rowspan="3">교수 · 학습 방법</td><td>A</td><td>B</td><td>C</td><td>D</td><td>E</td><td>F</td><td>G</td><td colspan="6">H</td></tr>
<tr><td>○</td><td>○</td><td></td><td></td><td></td><td></td><td></td><td colspan="6">○</td></tr>
<tr><td colspan="13">A. 이론강의 B. 실습 C. 발표 D. 토론 E. 팀프로젝트 F. 캡스톤디자인
G. 포트폴리오(학습자/교수자) H. 기타</td></tr>
<tr><td rowspan="3">평가 방법</td><td>A</td><td>B</td><td>C</td><td>D</td><td>E</td><td>F</td><td>G</td><td>H</td><td>I</td><td>J</td><td>K</td><td>L</td><td>M</td></tr>
<tr><td>○</td><td></td><td>○</td><td></td><td></td><td></td><td>○</td><td></td><td></td><td></td><td></td><td></td><td></td></tr>
<tr><td colspan="13">A. 포트폴리오 B. 문제해결시나리오 C. 서술형시험 D. 논술형시험 E. 사례연구
F. 평가자 질문 G. 평가자 체크리스트 H. 피평가자 체크리스트 I. 일지/저널
J. 역할연기 K. 구두발표 L. 작업장평가 M. 기타</td></tr>
<tr><td>교육 정보</td><td colspan="13">• 업스타일 관련 참고도서
• 인터넷을 통한 전문 채널 및 DVD 등의 시청각 자료
• 사용 제품의 제품 설명서</td></tr>
</table>

<table>
<tr><th colspan="6">관련 NCS 정보</th></tr>
<tr><th>대분류</th><th>중분류</th><th>소분류</th><th>세분류</th><th>능력단위</th><th>능력단위코드</th></tr>
<tr><td>이용/숙박/여행/
오락/스포츠</td><td>이/미용</td><td>이/미용서비스</td><td>헤어미용</td><td>베이직 업스타일</td><td>1201010138_16v3</td></tr>
</table>

<table>
<tr><th colspan="2">능력단위요소(코드)</th><th colspan="2">수행준거</th><th>지식 · 기술 · 태도</th></tr>
<tr><td rowspan="4">1</td><td rowspan="4">1201010111_14v2.3

헤어세트롤러하기</td><td>1.1</td><td>고객의 모발 상태와 디자인 목적에 따라 일반 세트롤러 또는 전기 세트롤러를 선택하여 사용할 수 있다.</td><td rowspan="4">[지 식]
• 헤어세트롤러 종류와 사용법에 관한 지식
• 모발상태 및 수분함량과 세팅에 관한 지식
• 헤어세트롤러 와인딩 기술에 관한 지식
• 헤어세트롤러 방향과 각도에 관한 지식
[기 술]
• 모발상태와 디자인에 따른 헤어세트롤로 활용 능력
• 헤어세트롤러 와인딩에 따른 모발의 수분 함량 조절능력
• 디자인에 맞는 헤어세트롤러 배열과 와인딩 기술
• 모발보호 및 탄력 있는 웨이브를 연출하는 와인딩 기술
[태 도]
• 정확한 결과를 위해 노력하는 자세
• 고객의 불편을 확인하고 대처하는 태도
• 고객만족을 위해 노력하는 자세</td></tr>
<tr><td>1.2</td><td>헤어 세트롤러 도구에 따라 모발의 수분 함량을 조절하여 와인딩할 수 있다.</td></tr>
<tr><td>1.3</td><td>디자인에 따라 헤어 세트롤러의 와인딩 방향과 각도를 조절할 수 있다.</td></tr>
<tr><td>1.4</td><td>모발의 끝이 꺾이거나 손상되지 않도록 모발 끝을 정리하여 와인딩할 수 있다.</td></tr>
<tr><td rowspan="5">2</td><td rowspan="5">1201010138_16v3.2

베이직 업스타일하기</td><td>2.1</td><td>디자인 연출에 필요한 업스타일 도구를 선택하여 사용할 수 있다.</td><td rowspan="5">[지 식]
• 업스타일에 필요한 디자인 요소에 관한 지식
• 업스타일 도구의 종류와 특징 및 사용법
• 업스타일의 블로킹, 묶기, 핀처리 등의 기본기법에 관한 지식
• 헤어 땋기와 꼬기, 꺾기, 롤링, 매듭 등의 연출기법에 관한 지식
[기 술]
• 모발 상태와 고객 특성에 따른 업스타일 디자인 능력
• 업스타일 디자인에 맞는 도구의 선택과 활용 능력
• 업스타일에 필요한 빗질, 블로킹, 묶기, 토대 형성, 빽콤과 핀 처리 기술
• 디자인 연출을 위한 땋기, 꼬기 꺾기, 롤링, 매듭 등의 활용 기술
【태 도】
• 전체적인 균형과 구도를 이해하고 서비스하려는 태도
• 업스타일 작업 시 두피를 자극하지 않도록 주의하는 자세
• 고객의 불편을 확인하고 대처하는 자세
• 고객만족을 위해 노력하는 태도</td></tr>
<tr><td>2.2</td><td>디자인 목적에 따라 빗질, 블로킹, 묶기, 토대 만들기를 할 수 있다.</td></tr>
<tr><td>2.3</td><td>업스타일 디자인에 따라 빽콤을 이용한 볼륨 연출과 모류 교정을 할 수 있다.</td></tr>
<tr><td>2.4</td><td>다양한 업스타일 핀을 활용하여 모발을 정확하게 고정할 수 있다.</td></tr>
<tr><td>2.5</td><td>디자인 연출을 위해 땋기, 꼬기, 꺾기, 롤링, 매듭 등의 기법을 할 수 있다.</td></tr>
</table>

3	1201010138_16v3.3 베이직 업스타일 마무리하기	3.1	헤어스타일링 제품을 사용하여 업스타일을 마무리할 수 있다.	[지 식] • 헤어스타일링 제품의 특성과 사용에 관한 지식 • 헤어스타일 연출과 디자인에 관한 지식 • 업스타일 디자인 균형과 조화에 관한 지식 [기 술] • 헤어스타일링 제품의 활용 기술 • 디자인의 균형을 확인하고 보정할 수 있는 기술 • 고객만족을 확인하고 디자인을 조화롭게 완성할 수 있는 능력 【태 도】 • 고객만족을 위해 노력하는 태도 • 전체적인 균형을 파악하고 디자인의 완성도를 높이려는 자세 • 주변을 정돈하고 도구를 청결하게 정리하는 자세
		3.2	업스타일의 전체적인 균형을 체크하고 디자인을 보정할 수 있다.	
		3.3	고객의 만족을 확인하고 디자인을 조화롭게 마무리할 수 있다.	

2. NCS기반 강의계획서

강의계획서

직 무	능력단위/책무(Duty)	능력단위코드
헤어미용	베이직 업스타일	**1201010138_16v3**

교과목명	베이직 업스타일	이수구분	전공	담당교수	
학년–학기		학점	3	시수(이론)	3 (1 / 2)
교육목표 (학습목표)	• 목적을 고려하여 일반 헤어 세트롤러 또는 전기 세트롤러를 사용 하여 헤어 세트롤러 와인딩 방향과 각도를 조절하면서 와인딩할 수 있다. • 디자인 연출에 필요한 업스타일 도구를 선택하여 디자인 목적에 따라 기본기법 땋기, 꼬기, 꺾기, 롤링, 매듭을 할 수 있으며 디자인 목적을 고려하여 블로킹, 빽콤, 토대 형성, 핀 처리 등을 할 수 있다.				

교수학습 방법	이론 강의	실습	발표	토론	팀프로젝트	캡스톤디자인	포트폴리오	기타
	○	○						○

교육장소 (시설)	일반강의실	전용실습실	컴퓨터실습실	…	외부 교육시설	기타
		○				

교재 (NCS학습모듈)		
	주교재	
	부교재	
	참고 교재	

평가방법	A	B	C	D	E	F	G	H	I	J	K	L	M
	○		○				○						

A. 포트폴리오　B. 문제해결시나리오　C. 서술형시험　D. 논술형시험　E. 사례연구
F. 평가자 질문　G. 평가자 체크리스트　H. 피평가자 체크리스트　I. 일지/저널
J. 역할연기　K. 구두발표　L. 작업장평가　M. 기타

관련능력단위요소 /작업(Task)	수행준거	지식 · 기술 · 태도
헤어세트 롤러하기	1.1 고객의 모발 상태와 디자인 목적에 따라 일반 세트롤러 또는 전기 세트롤러를 선택하여 사용할 수 있다. 1.2 헤어 세트롤러 도구에 따라 모발의 수분 함량을 조절하여 와인딩할 수 있다. 1.3 디자인에 따라 헤어세트롤러의 와인딩 방향과 각도를 조절할 수 있다. 1.4 모발의 끝이 꺾이거나 손상되지 않도록 모발 끝을 정리하여 와인딩할 수 있다.	[지 식] • 헤어 세트롤러 종류와 사용법에 관한 지식 • 모발 상태 및 수분 함량과 세팅에 관한 지식 • 헤어 세트롤러 와인딩 기술에 관한 지식 • 헤어 세트롤러 방향과 각도에 관한 지식 [기 술] • 모발 상태와 디자인에 따른 헤어 세트롤러 활용 능력 • 헤어 세트롤러 와인딩에 따른 모발의 수분 함량 조절능력 • 디자인에 맞는 헤어 세트롤러 배열과 와인딩 기술 • 모발 보호 및 탄력있는 웨이브를 연출하는 와인딩 기술 [태 도] • 정확한 결과를 위해 노력하는 자세 • 고객의 불편을 확인하고 대처하는 태도 • 고객만족을 위해 노력하는 자세
베이직 업스타일하기	2.1 디자인 연출에 필요한 업스타일 도구를 선택하여 사용할 수 있다. 2.2 디자인 목적에 따라 빗질, 블로킹, 묶기, 토대 만들기를 할 수 있다. 2.3 업스타일 디자인에 따라 빽콤을 이용한 볼륨 연출과 모류 교정을 할 수 있다. 2.4 다양한 업스타일 핀을 활용하여 모발을 정확하게 고정할 수 있다. 2.5 디자인 연출을 위해 땋기, 꼬기, 꺾기, 롤링, 매듭 등의 기법을 할 수 있다.	[지 식] • 업스타일에 필요한 디자인 요소에 관한 지식 • 업스타일 도구의 종류와 특징 및 사용법 • 업스타일의 블로킹, 묶기, 핀처리 등의 기본기법에 관한 지식 • 헤어 땋기와 꼬기, 꺾기, 롤링, 매듭 등의 연출기법에 관한 지식 [기 술] • 모발 상태와 고객 특성에 따른 업스타일 디자인 능력 • 업스타일 디자인에 맞는 도구의 선택과 활용 능력 • 업스타일에 필요한 빗질, 블로킹, 묶기, 토대 형성, 빽콤과 핀 처리 기술 • 디자인 연출을 위한 땋기, 꼬기 꺾기, 롤링, 매듭 등의 활용기술 [태 도] • 전체적인 균형과 구도를 이해하고 서비스하려는 태도 • 업스타일 작업 시 두피를 자극하지 않도록 주의하는 자세 • 고객의 불편을 확인하고 대처하는 자세 • 고객만족을 위해 노력하는 태도
베이직 업스타일 마무리하기	3.1 헤어스타일링 제품을 사용하여 업스타일을 마무리할 수 있다. 3.2 업스타일의 전체적인 균형을 체크하고 디자인을 보정할 수 있다. 3.3 고객의 만족을 확인하고 디자인을 조화롭게 마무리할 수 있다.	[지 식] • 헤어스타일링 제품의 특성과 사용에 관한 지식 • 헤어스타일 연출과 디자인에 관한 지식 • 업스타일 디자인 균형과 조화에 관한 지식 [기 술] • 헤어스타일링 제품의 활용 기술 • 디자인의 균형을 확인하고 보정할 수 있는 기술 • 고객만족을 확인하고 디자인을 조화롭게 완성할 수 있는 능력 [태 도] • 고객만족을 위해 노력하는 태도 • 전체적인 균형을 파악하고 디자인의 완성도를 높이려는 자세 • 주변을 정돈하고 도구를 청결하게 정리하는 자세

3. 주차별 강의교안

주차별 학습내용			
주차	관련 능력단위요소	수업내용	비고
1	헤어 세트롤러하기 베이직 업스타일하기 베이직 업스타일 마무리하기	**오리엔테이션 (교과목 소개)** **NCS 진단평가 1차 (학생)** • 미용 산업에서 헤어 업스타일의 포지션 및 중요성을 설명할 수 있다. • 헤어디자인에서 헤어 업스타일의 개념과 역할을 설명할 수 있다. • 직업기초능력의 필요성에 대해 말할 수 있다. • 베이직 업스타일 프로젝트 수업의 진행 방법 및 성적 평가기준을 요약할 수 있다.	
2	베이직 업스타일하기	• 모발 상태와 목적에 따라 스타일을 결정할 수 있다. • 업스타일 디자인 요소를 말할 수 있다. • 업스타일 디자인 법칙을 말할 수 있다. • 업스타일 디자인 기법을 말할 수 있다.	
3	헤어세트롤러하기 베이직 업스타일하기	• 업스타일을 위해 작업도구를 설명할 수 있다. • 업스타일을 위해 사전 작업을 할 수 있다. • 목적을 고려하여 일반 헤어세트롤러 또는 전기 세트 롤러를 사용할 수 있다. • 위치별 포니테일을 할 수 있다.	
4	헤어세트롤러하기 베이직 업스타일하기	**[꼬기 기법]** • 모발의 수분 함량을 고려하여 헤어 세트롤러로 와인딩할 수 있다. • 업스타일의 기본 테크닉을 할 수 있다. • 디자인을 고려하여 브로킹, 핀 처리 등을 할 수 있다. • 디자인 기법에 따라 업스타일을 마무리할 수 있다.	
5	베이직 업스타일하기	**[매듭 기법]** • 업스타일의 기본 테크닉을 할 수 있다. • 디자인을 고려하여 브로킹, 핀처리 등을 할 수 있다. • 디자인 기법에 따라 업스타일을 마무리할 수 있다.	
6	베이직 업스타일하기	**[꼬기 & 매듭 기법]** • 업스타일의 기본 테크닉을 할 수 있다. • 디자인을 고려하여 브로킹, 핀 처리 등을 할 수 있다. • 디자인 기법에 따라 업스타일을 마무리할 수 있다.	
7	헤어세트롤러하기 베이직 업스타일하기	**직무능력평가1** (서술형 평가)	
8	헤어세트롤러하기 베이직 업스타일하기	**직무능력평가 1차에 대한 피드백** **향상/심화 수업**	
	베이직 업스타일하기 베이직 업스타일 마무리하기	**(땋기 기법 1) – 3가닥, 4가닥, 5가닥** **• 업스타일의 기본 테크닉을 할 수 있다.** **• 디자인을 고려하여 브로킹, 핀 처리 등을 할 수 있다.**	

주차	관련 능력단위요소	수업내용	비고
9	베이직 업스타일하기 베이직 업스타일 마무리하기	**딸기 기법 2) – 딸기응용** • 업스타일의 기본 테크닉을 할 수 있다. • 디자인을 고려하여 브로킹, 핀 처리 등을 할 수 있다. • 디자인 기법에 따라 업스타일을 마무리할 수 있다.	
10	베이직 업스타일하기 베이직 업스타일 마무리하기	**[겹치기 기법 – 아래로 겹치기]** • 업스타일의 기본 테크닉을 할 수 있다. • 디자인을 고려하여 브로킹, 빽콤, 토대 형성, 핀 처리할 수 있다. • 디자인 기법에 따라 업스타일을 마무리할 수 있다. **[겹치기 기법 – 위로 겹치기]** • 업스타일의 기본 테크닉을 할 수 있다. • 디자인을 고려하여 브로킹, 핀 처리 등을 할 수 있다. • 디자인 기법에 따라 업스타일을 마무리할 수 있다.	
11	헤어세트롤러하기 베이직 업스타일하기 베이직 업스타일 마무리하기	**[고리 기법]** • 헤어스타일 디자인을 고려하여 와인딩 방향과 각도를 조절 할 수 있다. • 헤어 세트롤러를 제거한 후 스타일을 완성할 수 있다. • 업스타일의 기본 테크닉을 할 수 있다. • 디자인을 고려하여 브로킹, 핀처리 등을 할 수 있다. • 디자인 기법에 따라 업스타일을 마무리할 수 있다.	
12	베이직 업스타일하기 베이직 업스타일 마무리하기	**[말기 기법]** • 업스타일의 기본 테크닉을 할 수 있다. • 디자인을 고려하여 브로킹, 빽콤, 토대 형성, 핀 처리 등을 할 수 있다. • 디자인기법에 따라 업스타일을 마무리할 수 있다.	
13	헤어세트롤러하기 베이직 업스타일하기 베이직 업스타일 마무리하기	**[고리 & 말기 기법]** • 헤어스타일 디자인을 고려하여 헤어 세트롤러 와인딩 방향과 각도를 조절할 수 있다. • 헤어 세트롤러를 제거한 후 스타일을 완성할 수 있다. • 업스타일의 기본 테크닉을 할 수 있다. • 디자인을 고려하여 브로킹, 빽콤, 토대 형성, 핀 처리 등을 할 수 있다. • 디자인 기법에 따라 업스타일을 마무리할 수 있다.	
14	헤어세트롤러하기 베이직 업스타일하기 베이직 업스타일 마무리하기	**직무능력평가2 (평가자 체크리스트)**	
		직무능력평가3 (포트폴리오 제출)	
15	헤어세트롤러하기 베이직 업스타일하기 베이직 업스타일 마무리하기	**피드백** **향상/심화수업** **보완평가** **–향상/심화 1, 2에 대한 평가** **NCS 진단평가 2차**	

4. 평가계획서

<table>
<tr><th colspan="5">평가계획서</th></tr>
<tr><td>교과목명</td><td colspan="2">베이직 업스타일</td><td>담당교수</td><td>어 수 연</td></tr>
<tr><td>관련 직무명</td><td colspan="2">헤어미용</td><td>능력단위명*
(능력단위코드)</td><td>베이직 업스타일
1201010138_16v3</td></tr>
<tr><td rowspan="6">평가개요</td><td>구 분</td><td>배점</td><td colspan="2">평가 개요</td></tr>
<tr><td>진단평가</td><td>–</td><td colspan="2">업스타일 헤어디자인에 따른 이미지와 기초 원리를 바르게 이해하고 이에 따른 학습 성과를 달성하는데 필요한 사전 지식을 평가한다.
(점수 반영하지 않음)</td></tr>
<tr><td>출석평가</td><td>20%</td><td colspan="2">매주 수업의 출결을 확인한다.</td></tr>
<tr><td>직무수행능력평가 1</td><td>30%</td><td colspan="2">업스타일 기본을 바르게 이해하고 디자인요소, 법칙, 기법을 표현할 수 있는 작업 능력을 필기 평가한다.</td></tr>
<tr><td>직무수행능력평가 2</td><td>30%</td><td colspan="2">업스타일 테크닉 기법 및 법칙을 표현할 수 있는 작업능력을 실기 평가한다.</td></tr>
<tr><td>직무수행능력평가 3</td><td>20%</td><td colspan="2">포트폴리오</td></tr>
<tr><td>평가항목</td><td colspan="4">평가내용 및 방법</td></tr>
<tr><td>진단평가</td><td colspan="4">
• 평가내용 : 베이직 업스타일 교과의 학습 성과를 달성하는데 필요한 사전 지식을 평가한다.
• 평가시기 : 15주차
• 영역별 평가내용 :
<table>
<tr><th rowspan="2">평가영역</th><th rowspan="2">문항</th><th colspan="3">자가진단</th></tr>
<tr><th>우수</th><th>보통</th><th>미흡</th></tr>
<tr><td rowspan="4">헤어세트롤
하기</td><td>1.1 고객의 모발 상태와 디자인 목적에 따라 일반 세트롤러 또는 전기 세트롤러를 선택하여 사용할 수 있다.</td><td></td><td></td><td></td></tr>
<tr><td>1.2 헤어 세트롤러 도구에 따라 모발의 수분함량을 조절하여 와인딩할 수 있다.</td><td></td><td></td><td></td></tr>
<tr><td>1.3 디자인에 따라 헤어 세트롤러의 와인딩 방향과 각도를 조절할 수 있다.</td><td></td><td></td><td></td></tr>
<tr><td>1.4 모발의 끝이 꺾이거나 손상되지 않도록 모발 끝을 정리하여 와인딩 할 수 있다.</td><td></td><td></td><td></td></tr>
<tr><td rowspan="5">베이직
업스타일하기</td><td>2.1 디자인 연출에 필요한 업스타일 도구를 선택하여 사용할 수 있다.</td><td></td><td></td><td></td></tr>
<tr><td>2.2 디자인 목적에 따라 빗질, 블로킹, 묶기, 토대 만들기를 할 수 있다.</td><td></td><td></td><td></td></tr>
<tr><td>2.3 업스타일 디자인에 따라 빽콤을 이용한 볼륨 연출과 모류 교정을 할 수 있다.</td><td></td><td></td><td></td></tr>
<tr><td>2.4 다양한 업스타일 핀을 활용하여 모발을 정확하게 고정할 수 있다.</td><td></td><td></td><td></td></tr>
<tr><td>2.5 디자인 연출을 위해 땋기, 꼬기, 꺾기, 롤링, 매듭 등의 기법을 할 수 있다.</td><td></td><td></td><td></td></tr>
</table>
</td></tr>
</table>

진단평가

평가영역	문항	자가진단		
		우수	보통	미흡
베이직 업스타일 마무리하기	3.1 헤어스타일링 제품을 사용하여 업스타일을 마무리할 수 있다.			
	3.2 업스타일의 전체적인 균형을 체크하고 디자인을 보정할 수 있다.			
	3.3 고객의 만족을 확인하고 디자인을 조화롭게 마무리할 수 있다.			

- **평가방법 :** 자가진단 체크리스트
- **평가 시 고려사항 :** 진단평가 결과는 성적에 포함되는 것이 아니므로 솔직하게 응답하도록 한다.
- **평가 결과 활용 계획 :** 평가 결과에 따라 교수 · 학습계획을 수정 · 보완한다.

출석평가

- 대학의 출석관련 규정 및 지침에 따름

직무수행 능력평가 1

- **관련 능력단위요소 :** 헤어 세트롤러하기, 베이직 업스타일하기
- **평가내용 :** 베이직 업스타일의 기본 원리, 디자인요소, 법칙, 기법, 세트롤 등 이론적 지식습득 능력을 평가한다.
- **평가시기 :** 7주차
- **세부 평가내용**

수행준거
1.1 고객의 모발상태와 디자인목적에 따라 일반 세트롤러 또는 전기세트 롤러를 선택하여 사용할 수 있다.
1.2 헤어세트롤러 도구에 따라 모발의 수분함량을 조절하여 와인딩할 수 있다.
1.3 디자인에 따라 헤어세트롤러의 와인딩 방향과 각도를 조절할 수 있다.
1.4 모발의 끝이 꺾이거나 손상되지 않도록 모발 끝을 정리하여 와인딩할 수 있다.
2.1 디자인연출에 필요한 업스타일도구를 선택하여 사용할 수 있다.
2.2 디자인목적에 따라 빗질, 블로킹, 묶기, 토대 만들기를 할 수 있다.
2.3 업스타일 디자인에 따라 빽콤을 이용한 볼륨연출과 모류교정을 할 수 있다.
2.4 다양한 업스타일 핀을 활용하여 모발을 정확하게 고정할 수 있다.
2.5 디자인 연출을 위해 땋기, 꼬기, 꺾기, 롤링, 매듭 등의 기법을 할 수 있다.

- **평가방법 : 서술형 평가**
- **평가 시 고려사항 :**

직무수행 능력평가 2

- **관련 능력단위요소 :** 베이직 업스타일하기,베이직 업스타일 마무리하기
- **평가내용 :** 베이직 업스타일 기법, 법칙의 기본원리에 따른 디자인 완성도 등 시술방법 테크닉 작업 능력을 실기 평가한다.
- **평가시기 :** 14주차
- **세부 평가내용**

수행준거
2.1 디자인 연출에 필요한 업스타일 도구를 선택하여 사용할 수 있다.
2.2 디자인 목적에 따라 빗질, 블로킹, 묶기, 토대 만들기를 할 수 있다.
2.3 업스타일 디자인에 따라 빽콤을 이용한 볼륨 연출과 모류 교정을 할 수 있다.
2.4 다양한 업스타일 핀을 활용하여 모발을 정확하게 고정할 수 있다.
2.5 디자인 연출을 위해 땋기, 꼬기, 꺾기, 롤링, 매듭 등의 기법을 할 수 있다.
3.1 헤어스타일링 제품을 사용하여 업스타일을 마무리할 수 있다.
3.2 업스타일의 전체적인 균형을 체크하고 디자인을 보정할 수 있다.
3.3 고객의 만족을 확인하고 디자인을 조화롭게 마무리할 수 있다.

<table>
<tr><td>직무수행
능력평가 2</td><td>• 평가방법 : 평가자 체크리스트
• 평가 시 고려사항 : 업스타일 준비성, 기법, 숙련도, 테크닉, 완성도 등 작업 능력을 실기 평가한다.</td></tr>
<tr><td>직무수행
능력평가 3</td><td>• 관련 능력단위요소 : 헤어 세트롤러하기, 베이직 업스타일하기, 베이직 업스타일 마무리하기
• 평가내용 : 베이직 업스타일 기법, 법칙의 기본원리에 따른 디자인 완성도 등 시술방법 테크닉 작업 능력을 실기 일지 형식으로 포트폴리오 작성하여 평가한다.
• 평가시기 : 14주차
• 세부 평가내용
<table>
<tr><th>수행준거</th></tr>
<tr><td>1.1 고객의 모발 상태와 디자인 목적에 따라 일반 세트롤러 또는 전기 세트롤러를 선택하여 사용할 수 있다.</td></tr>
<tr><td>1.2 헤어 세트롤러 도구에 따라 모발의 수분 함량을 조절하여 와인딩할 수 있다.</td></tr>
<tr><td>1.3 디자인에 따라 헤어 세트롤러의 와인딩 방향과 각도를 조절할 수 있다.</td></tr>
<tr><td>1.4 모발의 끝이 꺾이거나 손상되지 않도록 모발 끝을 정리하여 와인딩할 수 있다.</td></tr>
<tr><td>2.1 디자인 연출에 필요한 업스타일 도구를 선택하여 사용할 수 있다.</td></tr>
<tr><td>2.2 디자인 목적에 따라 빗질, 블로킹, 묶기, 토대 만들기를 할 수 있다.</td></tr>
<tr><td>2.3 업스타일 디자인에 따라 빽콤을 이용한 볼륨 연출과 모류 교정을 할 수 있다.</td></tr>
<tr><td>2.4 다양한 업스타일 핀을 활용하여 모발을 정확하게 고정할 수 있다.</td></tr>
<tr><td>2.5 디자인 연출을 위해 땋기, 꼬기, 꺾기, 롤링, 매듭 등의 기법을 할 수 있다.</td></tr>
<tr><td>3.1 헤어스타일링 제품을 사용하여 업스타일을 마무리할 수 있다.</td></tr>
<tr><td>3.2 업스타일의 전체적인 균형을 체크하고 디자인을 보정할 수 있다.</td></tr>
<tr><td>3.3 고객의 만족을 확인하고 디자인을 조화롭게 마무리할 수 있다.</td></tr>
</table>• 평가방법 : 포트폴리오
• 평가 시 고려사항 : 베이직 업스타일 준비성, 기법, 숙련도, 테크닉, 완성도 등 작업 능력을 능력단위 요소에 의거한 실습 후 작성한 포트폴리오로 평가한다.</td></tr>
<tr><td>향상/
심화계획</td><td>• 평가점수가 70점 미만인 성취수준 미달자는 향상교육을 실시한 후 재평가</td></tr>
</table>

NCS기반 베이직 업스타일

National Competency Standards

NCS

02

1. 헤어디자인의 개념

1) 업스타일(up style)의 이해

업스타일의 사전적 의미는 "모발을 묶거나 땋아서 위로 틀어 올려 목덜미를 드러내는 형식"을 말하며 기술상의 표현으로는 묶거나 땋아서 두상 위에 스타일을 연출하는 것을 말한다. 일반적으로 업스타일이라 하면 높게 올린 올림머리만 생각할 수 있으나 쪽진 머리나 '시뇽(Chignon)' 스타일 같이 목덜미 아래로 내려오는 스타일도 업스타일로 볼 수 있다.
업스타일은 우아함과 여성스러움, 입체적인 아름다움을 두상의 곡면 위에 자유롭게 표현할 수 있는 매력적인 헤어스타일의 한 분야이다.

2) 디자인 구성 3요소

(1) 형태 (Form)

업스타일에서 형태란 윤곽선이나 실루엣의 형체를 가리키며, 형태는 모양, 크기, 방향으로 이루어져 있다. 이 구성 요소들은 업스타일 디자인 연출 시 대상자와 중요한 상관관계를 가지고 있으므로 형태의 분석이 이루어져야 한다. 헤어디자인에서 일반적인 형태는 구형, 편구형, 장구형 세 가지로 구분된다.

① 모양과 크기 (Shape & Size)

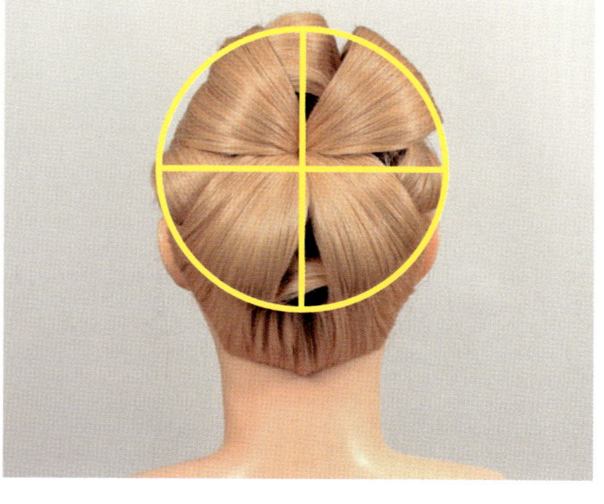

원(Circle) – 구형
위치에 따라서 길이, 넓이, 높이가 균등한 비율의 둥근 원형이다.

오블레이트(Oblate) **– 편구형**
옆으로 넓이가 확장된 타원형이다.

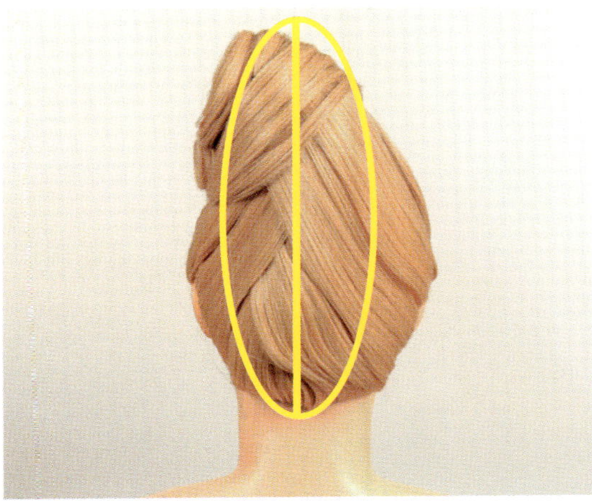

프롤레이트(Prolate) **– 장구형**
세로길이가 위로, 또는 아래로 확장된 타원형이다.

② **방향**(Direction)

천체축의 방향

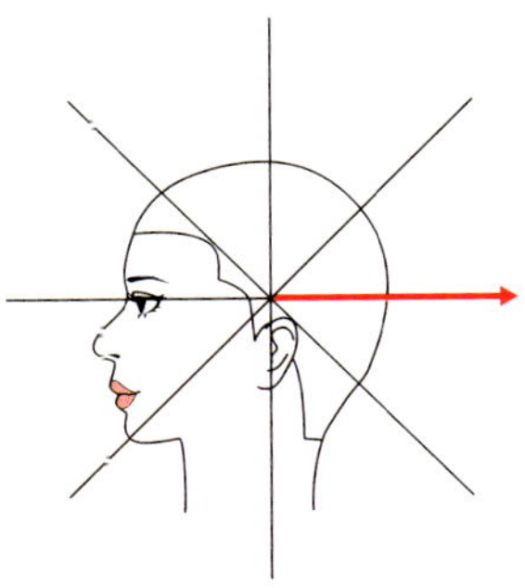

수평
(Horizontal)

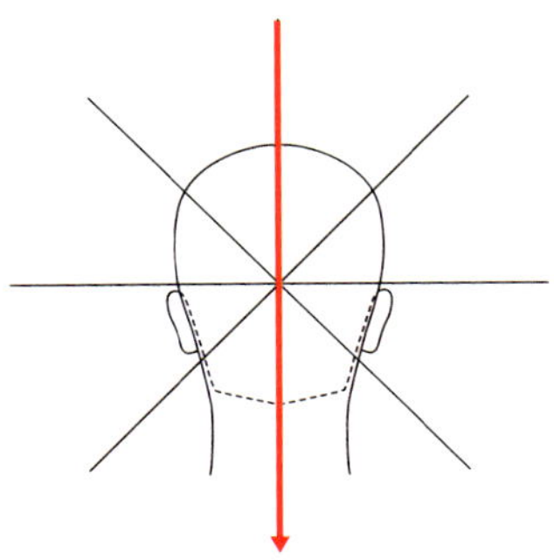

수직
(Vertical)

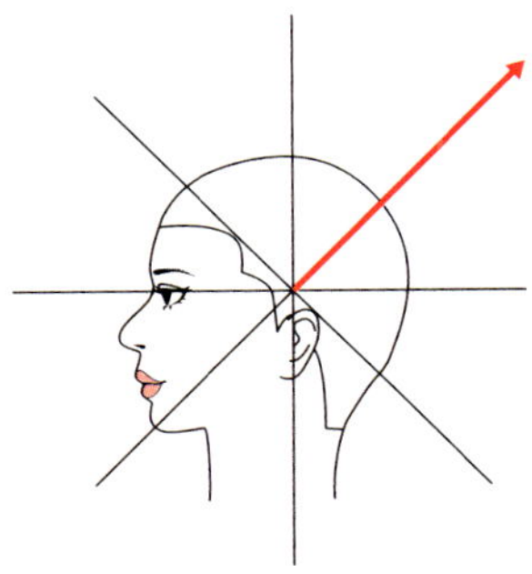

대각
(Diagonal)

③ **위치**(Position)

모양이나 크기, 방향은 상호조화에 영향을 미치며 각각의 얼굴형에 맞추는 수단으로 유용하게 사용되어질 수 있다. 또한 포인트의 위치 이동에 따라 다양한 이미지 변화를 창출할 수 있다.

(2) 질감(Texture)

업스타일에 있어서 질감이란 어떤 표면의 모습이나 매끈함 정도의 '느낌'을 말한다. 질감의 요소로서 머릿결이 매끄럽다든지 거칠다던지, 머리결의 방향이 직선적인지, 곡선적인지, 가벼운지, 무게감이 있는지 등의 표현을 전체에 사용하기도 하고 부분적으로 사용하기도 하면서 모발의 다양한 이미지 변화를 볼 수 있다.

① **언 엑티베이티드**(Un Activated) **– 매끈한**(Smooth) **질감**

고리 (Loop)

말기 (Roll)

겹치기 (Overlap)

② **엑티베이티드(Activated) – 겉 표면이 패턴화(Patterned)된 거친 질감**

꼬기 (Twist)

땋기 (Braid)

매듭 (Knot)

③ **혼합형**(Combination) **: 거친 패턴과 매끄러운 모양이 섞여서 업스타일된 상태**

언 엑티베이티드 + 엑티베이티드

(3) 컬러(Color)

컬러는 어떤 디자인에 깊이 차원과 빛의 반사를 더해주는 요소이다. 업스타일 조형 예술에 있어서도 색상의 밝고 어두움 정도에 따라 깊이, 면적 그리고 질감의 착시현상을 일으키는 디자인 요소 중 하나이다. 어두운 헤어 컬러는 더 깊이가 있으며 더 밝은 헤어 컬러는 형태 내의 각각의 모양에 시선을 이끈다.

① **어두운 색 對 밝은 색** (Dark vs Light)

어두운 색은 더 깊이가 있으며, 전반적인 외곽 형태의 주위를 집중시키고 밝은 색은 형태 내의 모양이나 질감이 세밀하게 보인다.

어두운 색

밝은 색

② **색상 혼합**

질감의 착시효과 및 크기에 미치는 미묘한 색상의 변화는 웨이브의 방향을 강조하거나 또는 모양을 분리시키기도 한다.

3) 디자인 법칙

(1) 균형(Balance)

균형이란 디자인의 시각적 혹은 실제 무게감을 말하는데, 시각적인 균형은 모양, 명도, 질감, 색채의 균형으로 구분하고, 모양의 균형은 대칭과 비대칭의 두 가지 형태로 구별한다.

① **대칭**(Symmetry) : 양쪽에 서로의 크기와 모양이 똑같이 위치, 실제 무게감도 똑같이 분배된다.

② **비대칭**(Asymmetry) : 양쪽에 서로의 크기와 모양이 고르지 않게 위치, 무게감도 다르다.

대칭

비대칭

(2) 강조(Dominance)

강조는 특정 부분을 두드러지게 표현하는 것을 말하는데, 업스타일 디자인에 있어서의 강조는 디자인의 초점이나 주된 흥미에 관련되어 형태나 질감, 색상을 통해 만들어진다.

크기 & 컬러 강조

(3) 반복(Repetition)

반복은 동일한 요소나 대상 등을 반복적으로 배열시켜 시선 이동을 유도하여 동적인 느낌을 줌으로써 율동감을 느끼게 하는 것이다.

(4) 진행(Progression)

진행은 반복의 경우보다 동적인 표정을 갖고 있으며, 디자인 요소가 비율적인 단계로 연속해서 펼쳐지는 형태이다.

(5) 대조(Contrast)

대조는 서로 반대되는 특성의 단위들 즉, 두 가지 색상, 크기, 짜임새 등이 서로 대조될 때 주위의 관심과 흥미있는 긴장감을 형성할 수 있다.

4) 업스타일의 기본 디자인 기법

업스타일의 디자인에 쉽게 다가가기 위해서는 디자인 법칙에 사용되는 기본기법들을 인식할 줄 알아야 한다.

업스타일에 이용되는 기본 디자인 기법은 땋기, 꼬기, 매듭, 겹치기, 고리 만들기, 말기 등이 있다. 이 기법들을 디자인 법칙에 따라 구성 요소들과 적절히 배합하면 업스타일의 예술 작품으로서 최상의 아름다운 조화미를 얻을 수 있을 것이다.

(1) **꼬기**(Twist)

꼬기는 머리 가닥을 한 쪽 방향으로 계속 돌려서 밧줄 같은 모양을 나타내는 기법이다. 꼬기의 강도를 조절하면 다양한 형태를 만들 수 있는데, 이때 강한 텐션을 주기 위해서는 모근 쪽에서부터 꼬아야 한다.

(2) **매듭**(Knot)

매듭은 하나, 또는 두 개의 가닥으로 사슬처럼 묶어주는 기법을 말한다.

한 가닥 매듭 (Single-Strand Knot)

두 가닥 매듭 (2-Strand Knot)

(3) 땋기(Braid)

땋기는 모발의 가닥을 교차하거나 엮는 것으로 디자인을 연출하는 기법이다. 땋기에는 가닥수로 나누어지는 홀수 땋기와 짝수 땋기가 있고, 위로 땋기, 아래로 땋기로 방향 구분을 한다.

아래로 땋기

위로 땋기

홀수 땋기

짝수 땋기

(4) 겹치기(Overlap)

겹치기는 두 개의 가닥을 서로 반대쪽 가닥 위로 교차해서 겹쳐지는 효과를 얻는 기법으로 위로 겹치기와 아래로 겹치기가 있다. 겹치기는 매끈한 빗질이 우선되어야 하고 패널의 텐션 유지를 위해 두피 면에 대한 시술각을 인식하고 있어야 한다.

① 두 가닥 위로 겹치기(Two-Strand Overview Up)

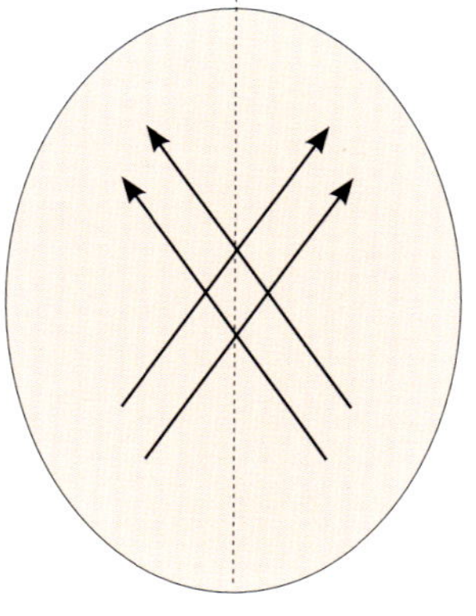

② 두 가닥 아래로 겹치기(Two-Strand Overview Down)

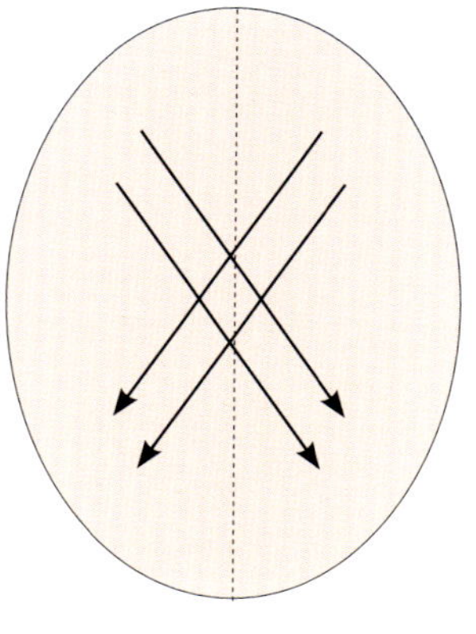

③ **크기**(Size)

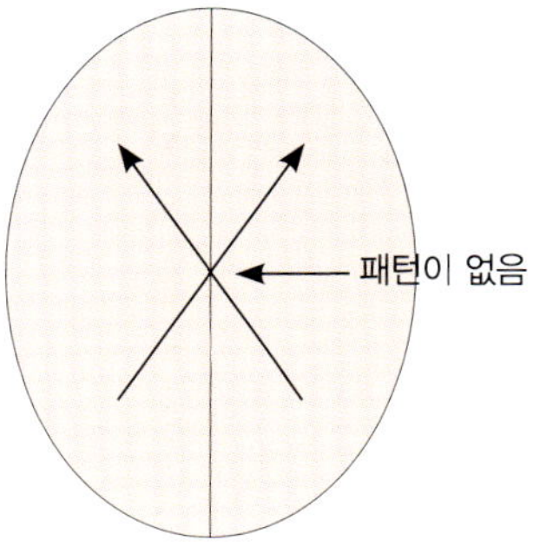

큰 섹션
겹쳐져 덮이는 효과

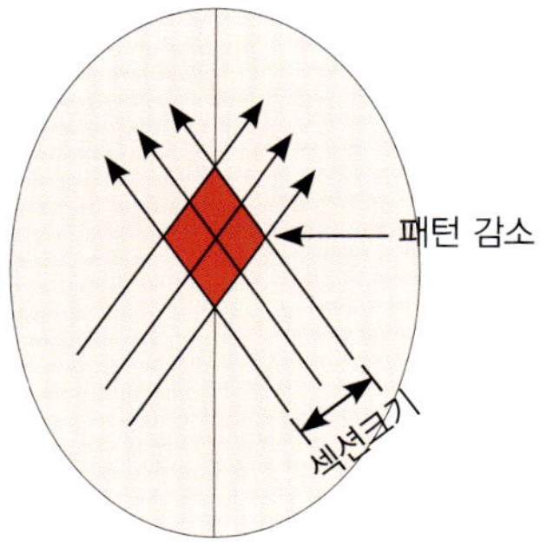

중간 섹션
십자형 패턴은 감소

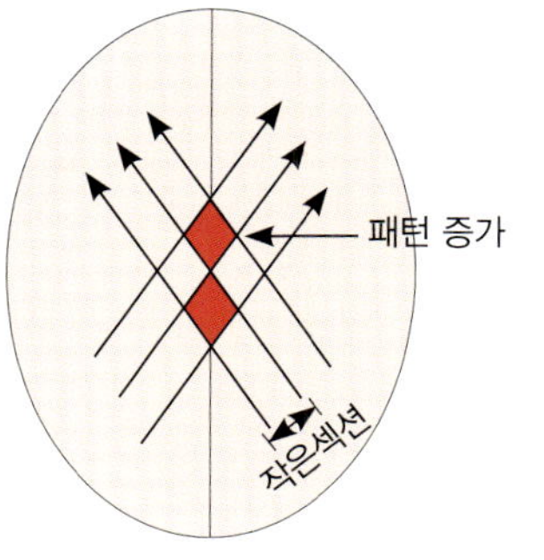

작은 섹션
십자형 패턴 증가

(5) 고리(Loop)

고리(Loop)는 머리 가닥을 조가비 모양으로 접거나 구부리거나 동그랗게 하여 곡선 모양으로 두상의 어느 한 위치에 고정시키는 기법이다. 고리에는 외고리, 한겹고리, 겹고리, 납작고리가 있어 다양하게 연출할 수 있다.

한겹고리, 외고리(Single Loops)

겹고리(Double Loops)

(6) 말기(Roll)

롤(Roll)은 머리 가닥 자체 내에서 볼륨감 있게 싸여지고 감겨지는 것을 말한다. 업스타일 디자인에서 롤의 대표적인 스타일은 소라형 업스타일이다. 롤은 수직롤, 수평롤, 윤곽롤(외곽말기)이 있다.

외곽 말기(Contour roll)

수직 말기(Vertical roll)

2. 도구와 제품 사용방법

1) 도구의 종류

(1) 핀의 특징과 종류

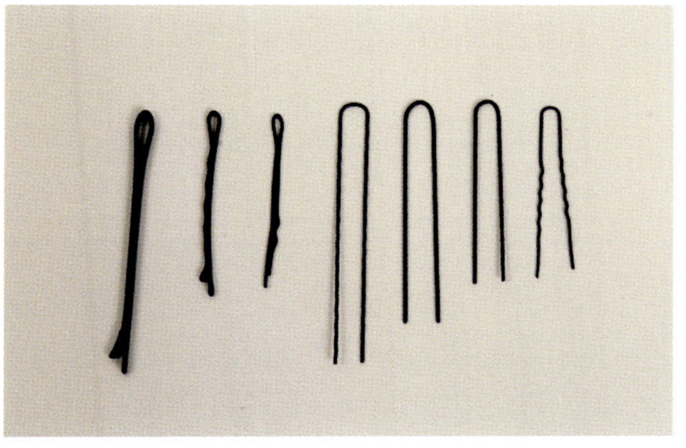

① 대핀

핀 중에서 가장 고정력이 뛰어나며, 많은 양의 모발을 고정할 때 사용한다. 만약 모발의 양이 너무 많거나 적게 되면 고정력이 떨어질 수 있다.

② 실핀

면을 고정할 때 사용하는 핀으로서, 업스타일에 가장 많이 사용하는 핀 중 하나이다.

③ 스몰핀

스몰핀은 고정력이 약하고 크기와 길이가 짧으며, 적은 양의 모발과 힘이 부족한 모발을 고정해주는 역할을 한다.

④ 보비핀

디자인을 연출할 때 고정하는 핀이며, 실핀에 비해 고정력이 약한 편이다.

⑤ U자핀 대 (네지핀)

많은 양의 모발을 숨기고 싶거나 모발을 묶어 고정시킬 때, 또는 잠시 고정시킬 때 주로 쓰이는 핀이다.

⑥ U자핀 중

적은 모발에 사용하며, 긴머리와 짧은 머리에 모두 사용 가능하다. 주로 컬, 뱅, 로프의 고정에 사용하며, U자핀 대 보다는 크기가 작다.

⑦ U자핀 소 (오니핀)

컬을 고정할 때 주로 사용한다. 핀 자체를 사용해도 괜찮지만, 갈고리 형태로 끝을 휘게 만들어 마무리 할 때 머리카락이 빠지지 않게 할 수 있다.

⑧ 싱글핀, 더블핀

표면을 고정할 때 쓰는 핀이며, 잠시 형태를 고정시키는 핀이다. 고정시키는 곳에 자국이 생길 수 있으니 주의해야 한다.

(2) 빗의 종류

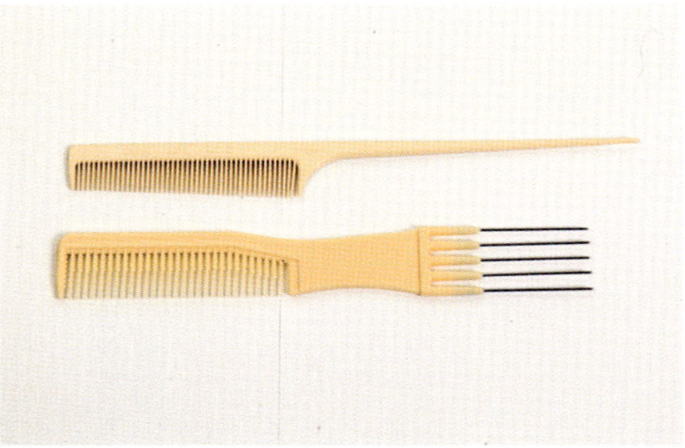

① 꼬리빗

꼬리빗은 견고함이 있는 빗이다. 그렇기 때문에 섹션이나 파팅을 나눌 때, 정확한 뿌리까지 빗어줘야 한다. 또한 꼬리빗이 잘 휘어지는 특성으로 인해 정확한 백콤을 넣지 못할 수도 있다.

② 정리용 빗

정리용 빗은 보통 표면을 정리하고 다듬을 때 사용하는 빗으로, 표면의 윤곽을 더욱 효과적으로 표현할 수 있다.

③ 브러싱 빗

브러싱 빗은 말 그대로 브러싱 할 때에 사용하는 빗이다. 표면을 깨끗하게 빗질할 수 있다.

④ 쿠션 빗

쿠션 빗은 동그랗게 쿠션 부분이 있는 빗으로 브러시 빗을 사용할 때, 푹신하여 두피에 자극이 적고, 올림머리나 웨이브 스타일을 하기 전에 사용하는 빗이다.

(3) 핀셋의 종류

① **핀컬핀**

업스타일을 할 때에 형태의 흐름을 임시로 고정시키거나, 더블핀이나 실핀보다는 고정력이 뛰어나다. 그러나 핀 자국이 남지 않도록 주의해야 한다.

② **일판 핀셋**

핀셋은 가장 많이 사용하는 핀 중 하나이다. 블로킹을 할 때 사용하며, 고정력이 강하다.

(4) 헤어전문제품

업스타일 작업 중 목적에 맞게 선택하여 사용한다.

① **스프레이**

스프레이는 모발을 고정시키는 역할을 한다. 너무 가까운 거리에서 분사하면 모발이 뭉치거나 갈라질 수 있으니 거리를 두고 적당량을 사용하도록 한다.

② **왁스**

최근 자주 사용하는 제품으로 헤어스타일을 자유자재로 디자인할 수 있다는 장점이 있다. 업스타일 시술 시는 잔머리를 정리하는 용도로 사용한다.

③ **에센스**

에센스는 트리트먼트제인데, 머리에 골고루 발라주면 된다. 모발에 윤기와 광택이 나게 하며, 모발을 한층 더 자연스럽게 만들어주는 역할을 한다.

④ **광택제**

광택제는 모발에 손상이 있는 경우 사용한다. 모발에 윤기가 나게 한다.

⑤ 컬러스프레이

컬러스프레이는 ①번의 스프레이와는 다른 컬러성분이 있는 스프레이인데, 머리에 뿌리면 개성 있는 스타일을 연출할 수 있다. 검은 머리일 경우 더욱 돋보일 수 있다.

(5) 소품

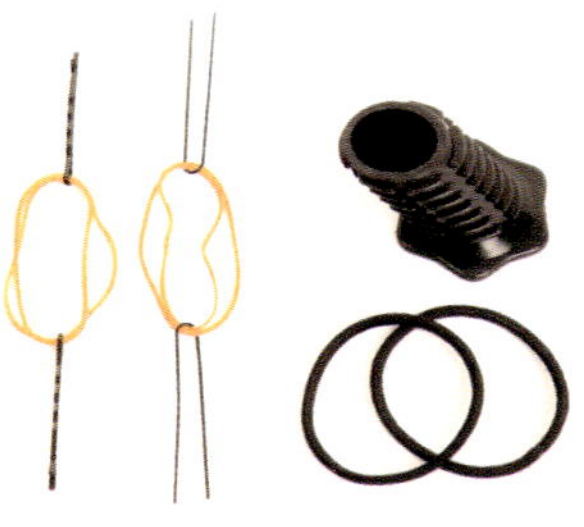

① 끈/고무줄

끈, 고무줄은 토대를 잡거나, 모발을 묶거나, 고정시킬 때 사용하는 제품이다.

② 헤어 싱(Hair Sing)

업스타일에서 싱은 볼륨을 내기 위한 목적으로 사용되는 도구이다. 토대, 두상의 골격과 단점을 보완하고 스타일을 입체적으로 표현하기 위해 사용한다.

싱을 선택할 때는 하고자 하는 스타일에 맞게 크기와 양을 조절해서 선택하는 것이 좋다.

③ 헤어 피스(Hair Piece)

피스는 모발의 숱이 적거나, 길이가 짧은 부분에 볼륨과 모발 길이를 연장하는데 도움을 줄 수 있다.

다양한 모양의 색상 피스를 사용하여 디자인에 포인트를 줄 수 있다.

④ 헤어망

망은 핀으로 고정하기 어렵거나 양이 많은 모발을 감싸서 고정시키며, 스프레이 하나로 고정하기 어려울 때 도움을 줄 수 있다. 멋내기를 위해 사용하는 망은 마지막 단계에서 사용하는 것이 좋다.

3. 업스타일의 기본

1) 세트 롤러 기기

업스타일 디자인 전에 연출하고자 하는 디자인을 위해 컬, 루프 등을 연출하기 위해 모발을 세팅기로 와인딩하여 웨이브를 만드는 도구이다. 특대/대/중/소로 구분되어 있다.

2) 세트롤러 사용 방법

패널의 모선이 접히지 않게 패널에 텐션을 주어서 15cm 지점부터 말아서 모선을 정리한 후 위로 말아서 올라간다

네이프 디자인이 아래로 내려올 때

네이프 디자인이 위로 올라갈 때

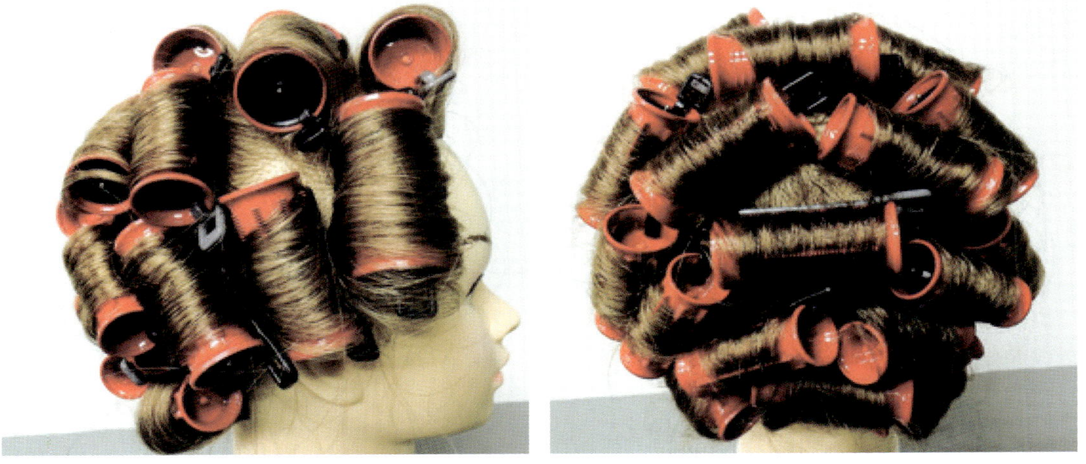

벽돌쌓기 말기

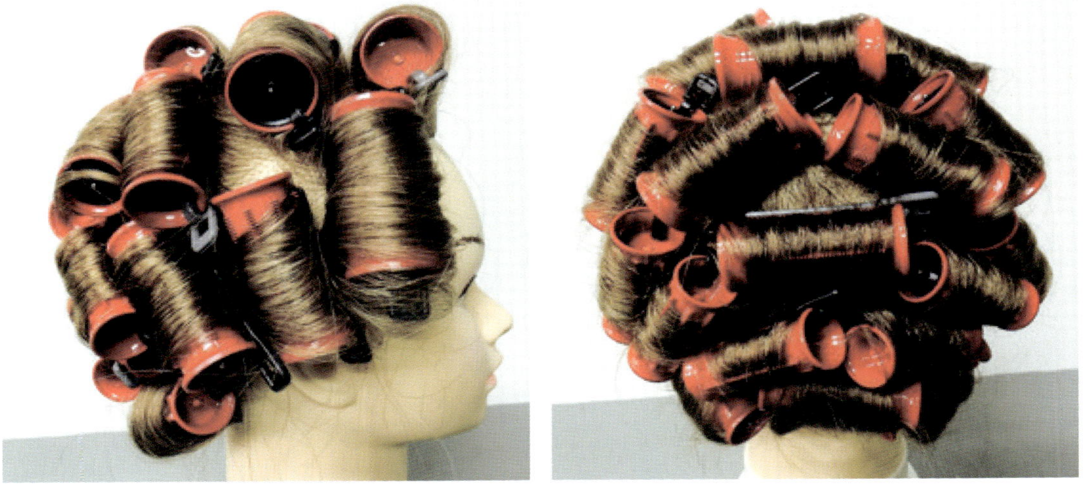

기본말기

3) 묶기(포니테일) 방법

(1) 골덴포인트 포니테일

두상의 곡면을 따라 꼬리빗 위치를 바꿔가면서 빗을 사용하여 미리 작업한 부분에 재 빗질을 하지 않아야 매끄럽게 베이스를 만들면서 포니테일을 할 수 있다.

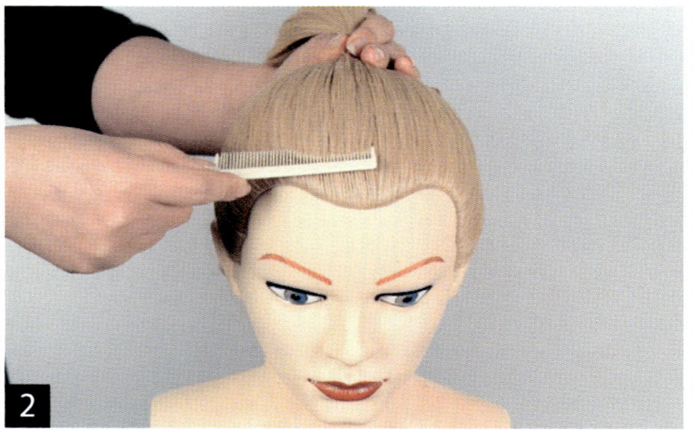

센터부분은 꼬리빗 1/2 앞쪽부분을 살짝 눕혀서 빗질한다.

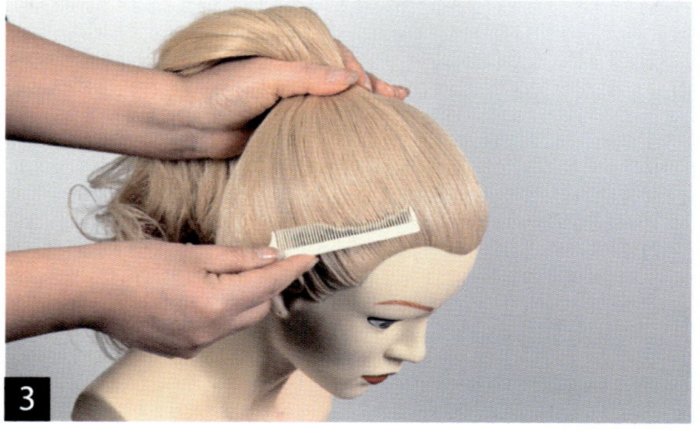

사이드는 꼬리빗 중간 부분으로 빗질을 하여 먼저 작업한 부분을 건드리지 말아야 한다.

백라인은 꼬리빗 전체를 이용하여 끌어올리면서 빗질을 한다.

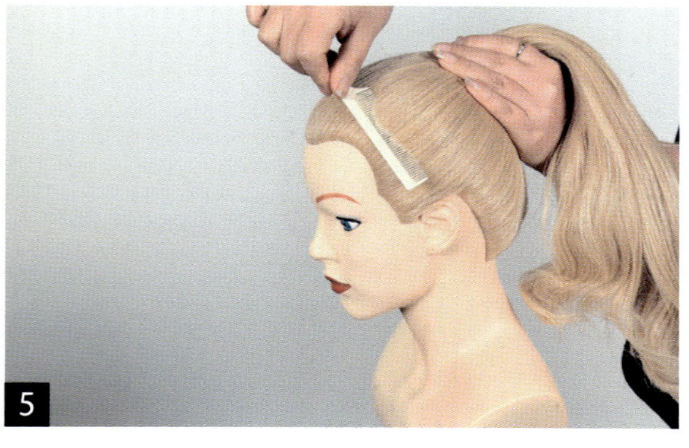

두상에 손을 오목하게 밀착시키고 고무줄 2개를 실핀이나 U핀에 끼워서 포니테일 할 부분에 핀을 직각으로 세웠다 수평으로 고정한 후 고무줄을 당겨서 텐션을 주어 마무리한다.

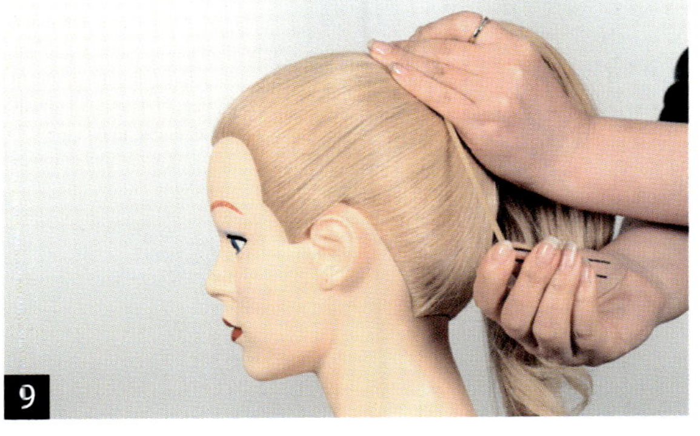

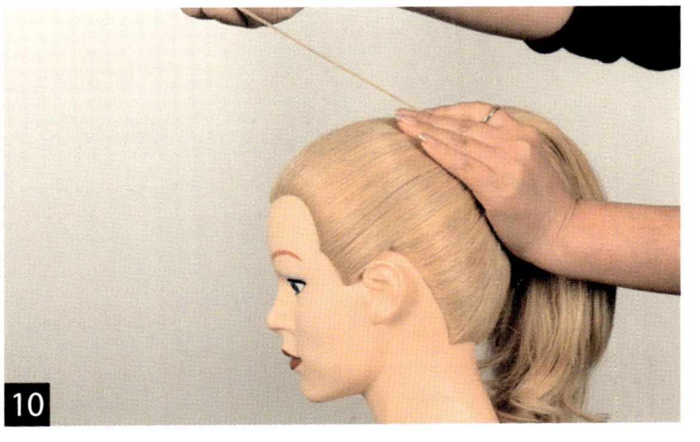

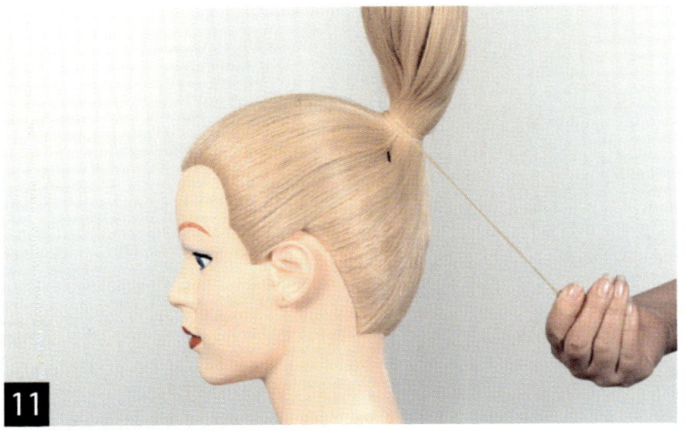

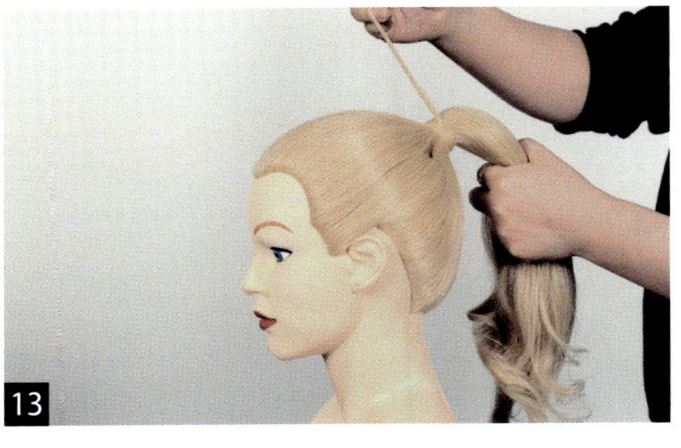

포니테일 한 고무줄을 감추기 위해서 모량을 조금 가지고와서 토대의 바깥부분에서 안쪽으로 고무줄이 보이지 않게 돌려서 감싼 후 끝자락을 이용해서 실핀에 3회 정도 감아서 포니테일 토대부분에 고정한다.

(2) 백포인트 포니테일

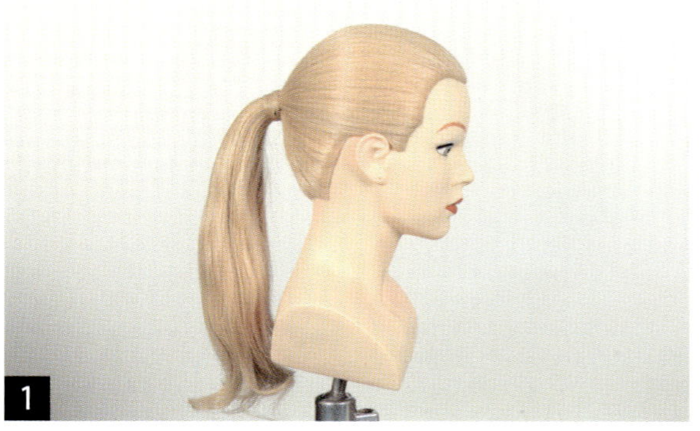

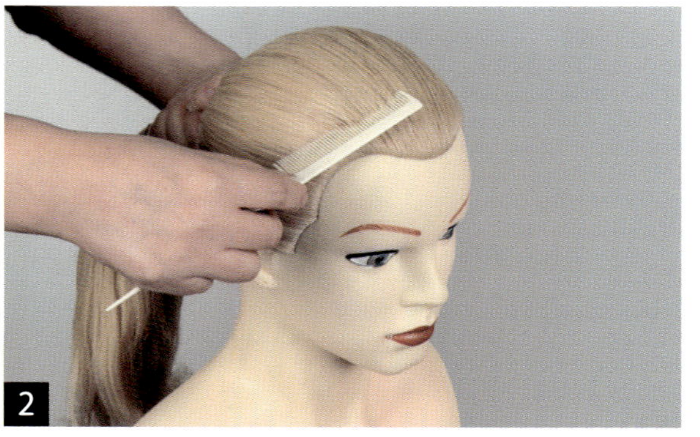

센터부분은 꼬리 빗 1/2 앞쪽부분을 빗을 살짝 누여서 빗질한다.

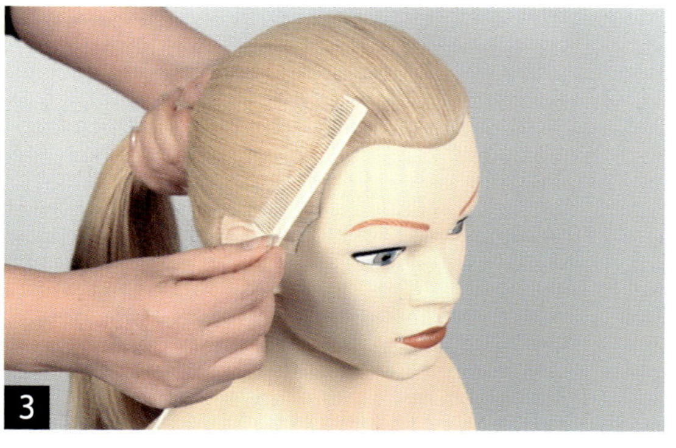

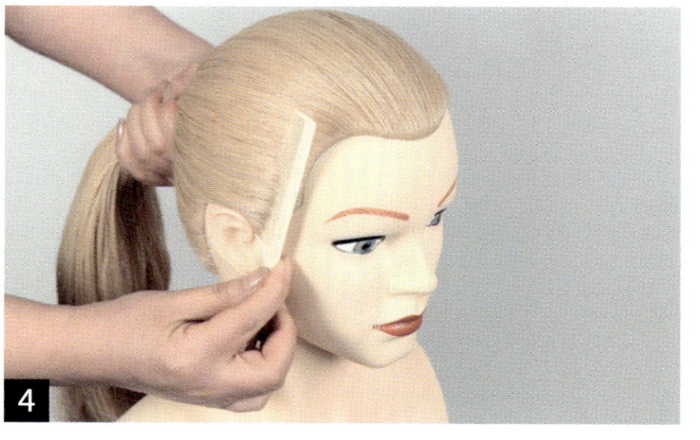

사이드는 꼬리 빗 아랫부분이 사이드코너에 일치시켜서 꼬리 빗 전체가 수평이 되게 한 후 백 포인트까지 빗질을 한다.

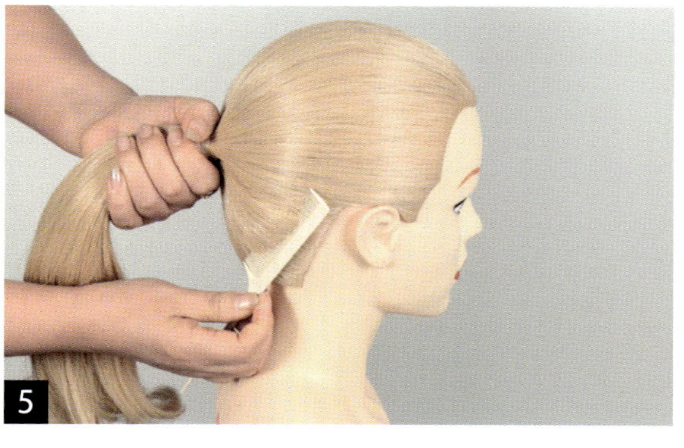

백라인은 꼬리 빗 전체를 이용하여 끌어올리면서 빗질을 한다.

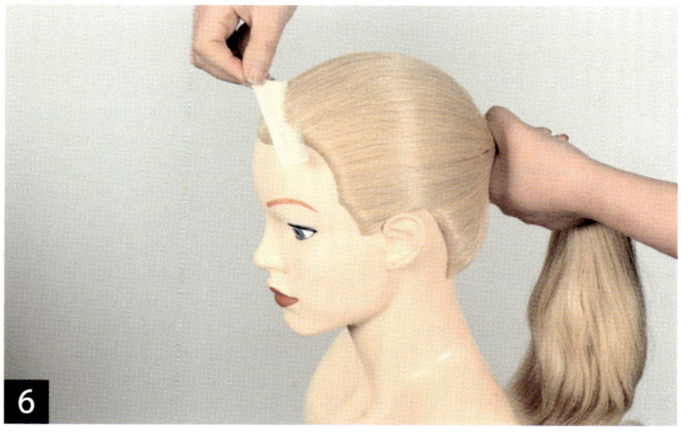

오른쪽과 같은 방법으로 한다.

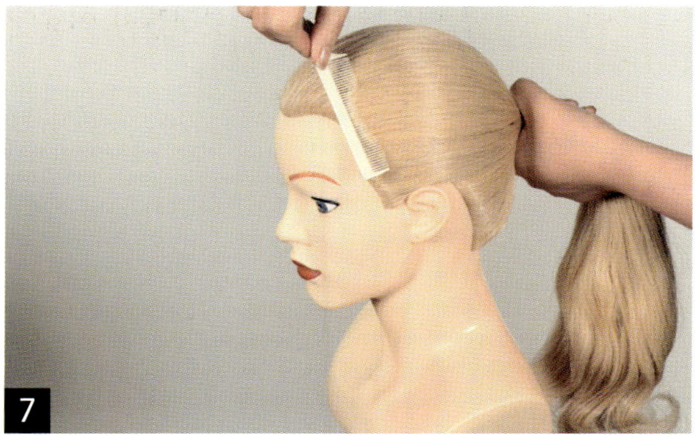
7

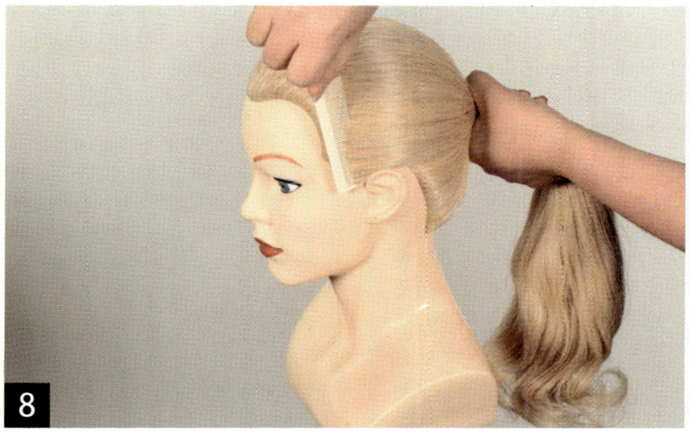
8

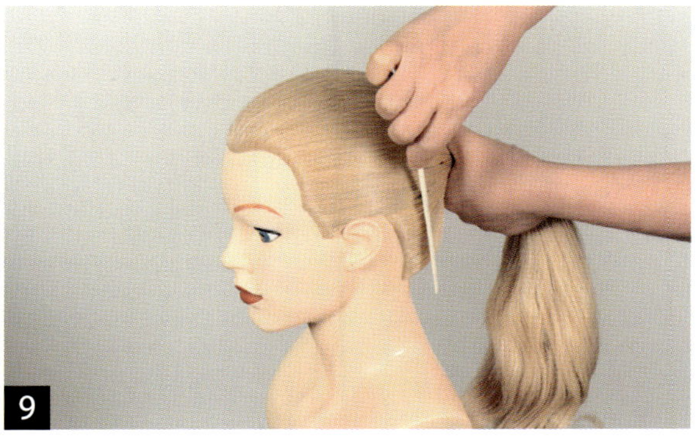
9

10

11

12

손바닥 위로하여 모발을 잡고, 고무줄 2개를 실핀이나, U핀에 끼워서 포니테일 할 부분에 핀을 직각으로 세웠다 수평으로 고정한 후 고무줄을 당겨서 텐션을 주어 마무리한다.

(3) 네이프 포인트 포니테일

네이프에 포니테일을 할 때는 사이드 모발이 흘러내리지 않게 핀컬 핀으로 고정 후 고무줄만 이용해서 묶는다.

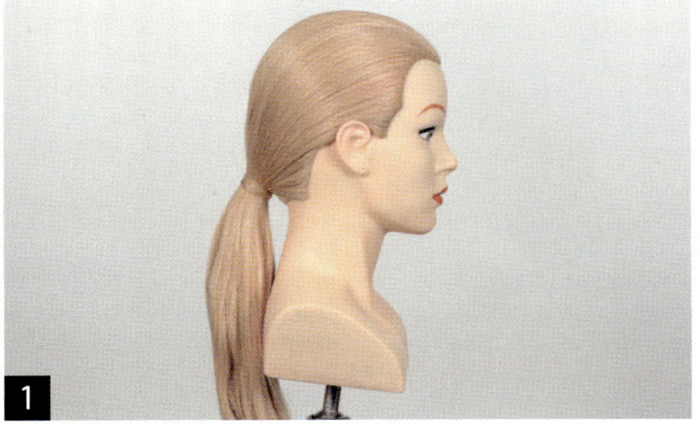
1

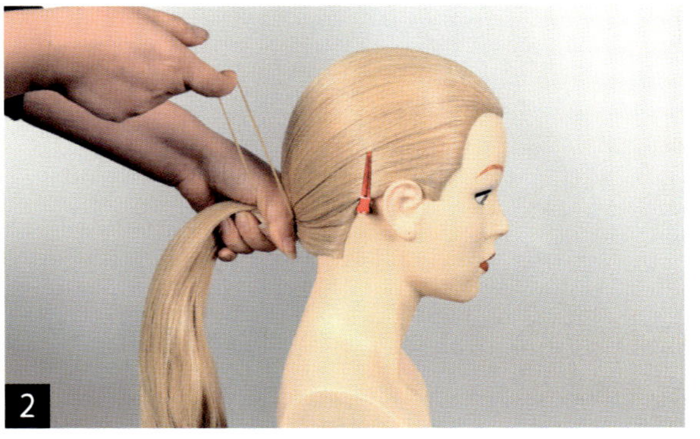
2

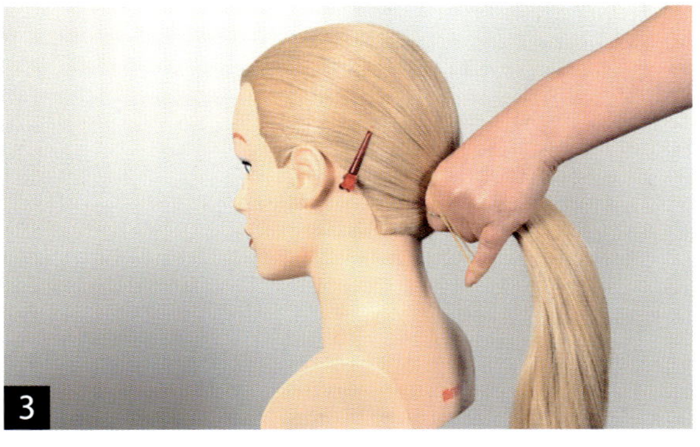
3

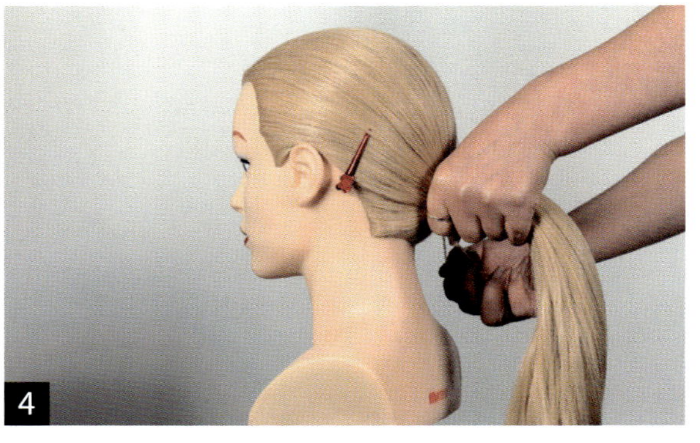
4

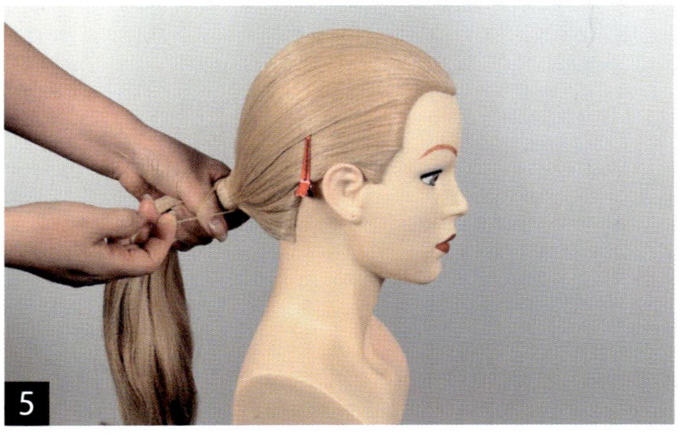
5

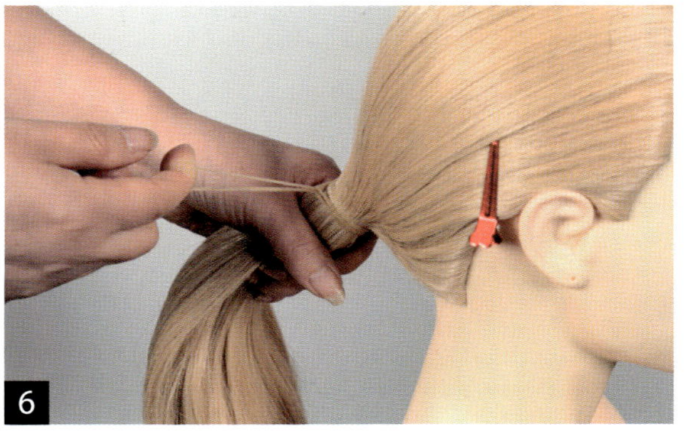
6

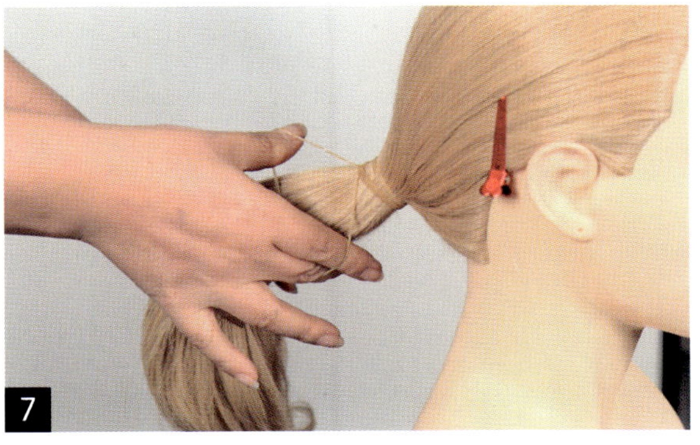

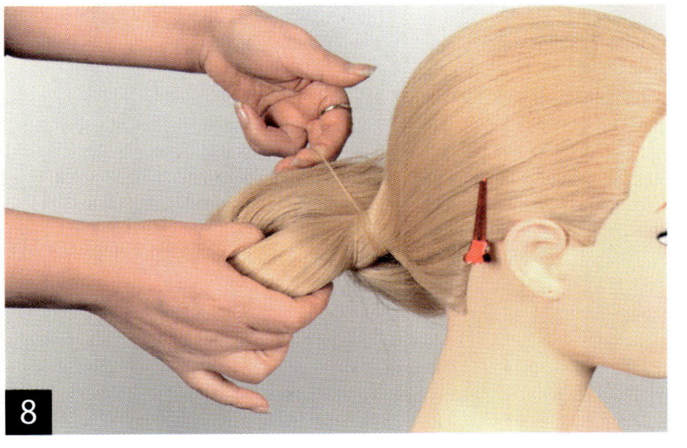

4) 빽콤 방법(Back-Comb)

(1) 빽콤의 원리

모발은 중력방향으로 떨어지려고 하는 성질이 있는데, 반대로 끌어 당겨 얽히게 하여 모발을 떨어지지 않도록 하는 것이 빽콤이다. 빽콤은 테크닉에 따라 볼륨감, 방향성, 토대, 움직임, 핀의 고정력 강화, 면의 연결, 모발의 혼합 등 다양한 기능을 가지고 있는 만큼 업스타일에 있어서 제일 기본이 되는 중요한 작업이다.

(2) 빽콤방법

① 스트랜드의 폭은 2~3cm, 넓이는 5cm, 패널은 15cm 미만으로 잡는다.
② 패널과 빗의 각도 15°에서 시작하여 90°가 될 때까지 빗을 둥글리면서 패널과 빗으로 텐션을 조절한다.
③ 빽콤의 양과 들어갈 위치를 파악한다.

(3) 볼륨 빽콤 방법

빽콤을 모근에서부터 차근차근 위로 올라가면서 쌓아가는 방법으로 많은 볼륨을 얻고자 할 때 사용한다.

(4) 토대 빽콤 방법

전체모발 또는 파팅을 나누어서 모근쪽을 향해서 1차 빽콤 한 부분에 텐션을 강하게 더해주는 빽콤으로 기둥을 만들 때 사용한다.

1

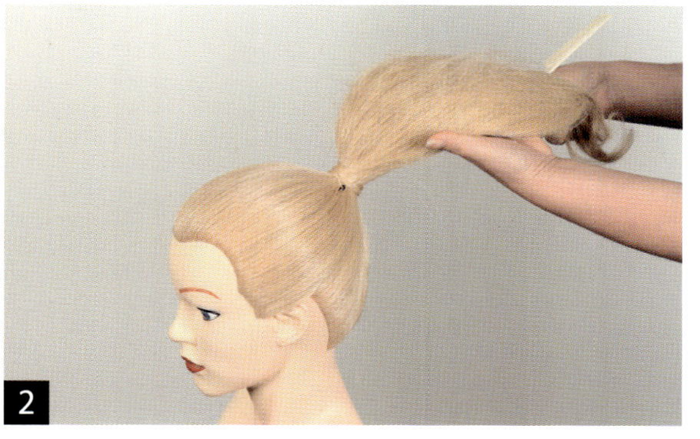
2

3

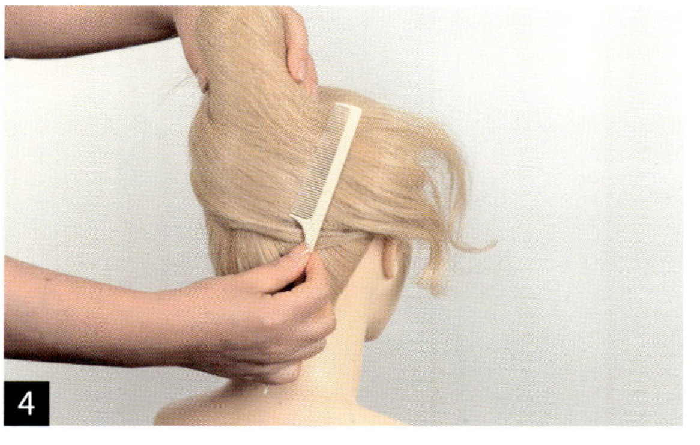
4

5

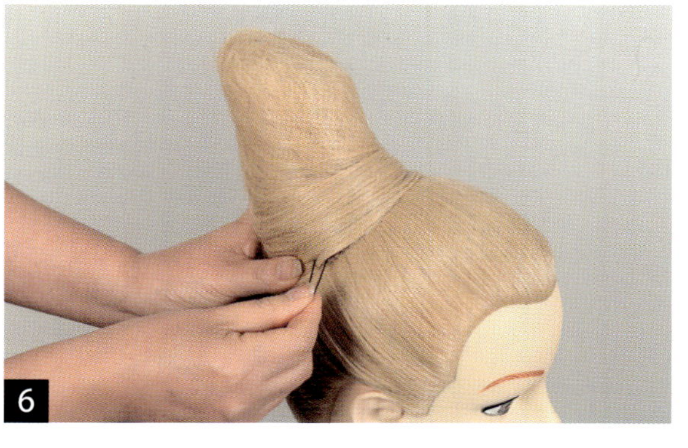
6

5) 핀 고정 방법

① 평면 고정법 : 패널에 양이 적은 부분을 고정하거나 볼륨을 축소시킬 때 또는 핀 토대를 만들 때 사용하는 방법으로 핀 고정 중 가장 기본적인 방법이다.

② 감추기 고정법 : 롤이나 컬의 형태를 유지시킬 때 형태의 표면에 핀이 노출되지 않도록 고정하는 방법이다. 주로 U핀을 사용한다.

③ 회전 고법 : 머리 다발의 볼륨을 유지하고 조절하면서 핀이 노출되지 않도록 고정하는 방법이다. 머리다발에 걸어서 두피 면에 고정될 수 있도록 한다.

(1) 실핀 고정 방법

양이 적은 부분을 고정하거나 볼륨을 축소시킬 때 또는 핀 토대를 만들 때 사용하는 방법으로 핀 고정 중 가장 기본적인 방법이다.

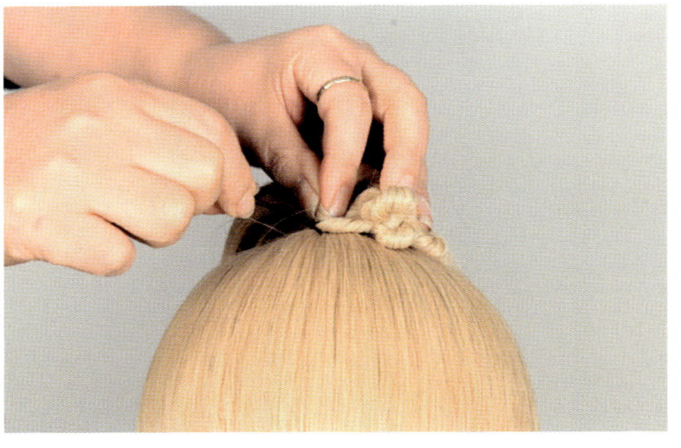

(2) U핀 고정 방법

롤이나 컬의 형태를 유지시킬 때, 형태의 표면에 핀이 노출되지 않도록 고정하는 방법이다. 주로 U핀을 사용한다.

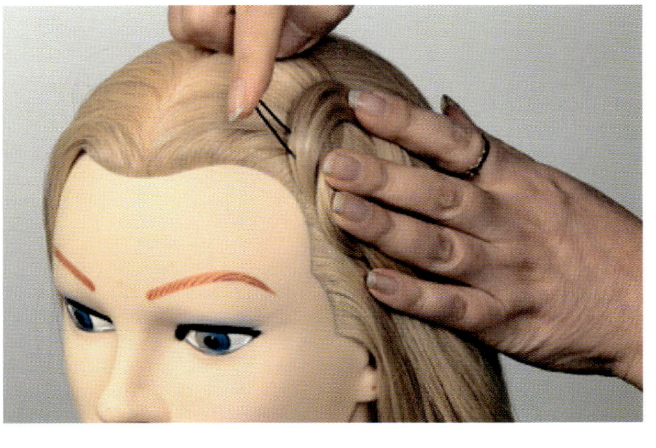

(3) 대핀 고정 방법

머리 다발의 볼륨을 유지하고 조절 하면서 핀이 노출되지 않도록 고정하는 방법이다. 머리 다발에 걸어서 두피 면에 고정될 수 있도록 한다.

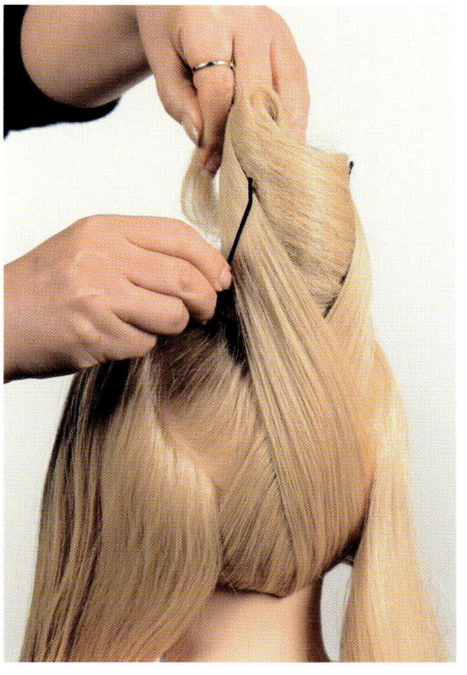

NCS기반 베이직 업스타일

National Competency Standards

NCS

03

1. 꼬기(Twist)

학습내용	꼬 기
수업목표	• 모발의 수분 함량을 고려하여 헤어 세트롤러로 와인딩할 수 있다. • 업스타일의 꼬기 테크닉을 시술할 수 있다. • 디자인을 고려하여 브로킹, 핀처리 등을 할 수 있다. • 꼬기 기법에 따라 업스타일을 마무리할 수 있다.

꼬기 기법 선행학습	
한 가닥 꼬기	 방향에 따라서 패널을 꼬아주며, 이때 텐션에 따라 형태가 다르다.
두 가닥 꼬기	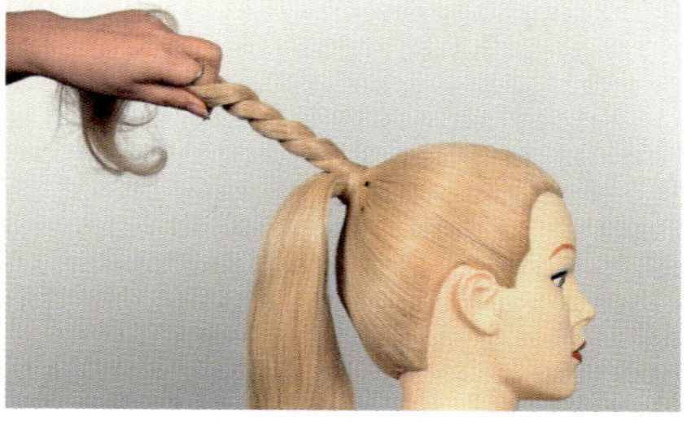 느슨한 꼬기
	 강한 꼬기 – 두 가닥 패널을 같은 방향으로 돌려서 오른쪽으로 꼬기를 할 때는 왼손이 오른손 밑으로 들어간다.

<table>
<tr>
<td>꼬기 응용</td>
<td>
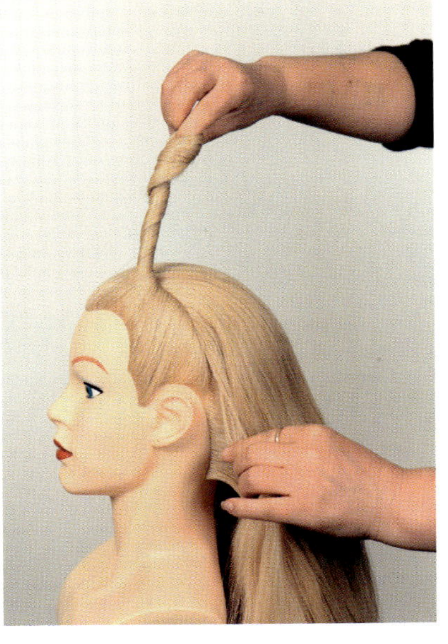
테크닉에 따른 모양</td>
</tr>
</table>

1) 업스타일 준비하기

백포인트에 포니테일 한다.

2) 꼬기 기법 시술하기

패널을 모근쪽부터 비틀어 돌린다.

꼬기 한 방향으로 패널의 1/3 정도 핀을 거꾸로 집어서 핀을 회전하여 고정한다.

전체 모발의 1/3 정도는 강한 꼬기를 한 후 디자인에 따라 패널의 끝부분을 남겨두고 핀(실핀 or U핀)으로 고정한다.

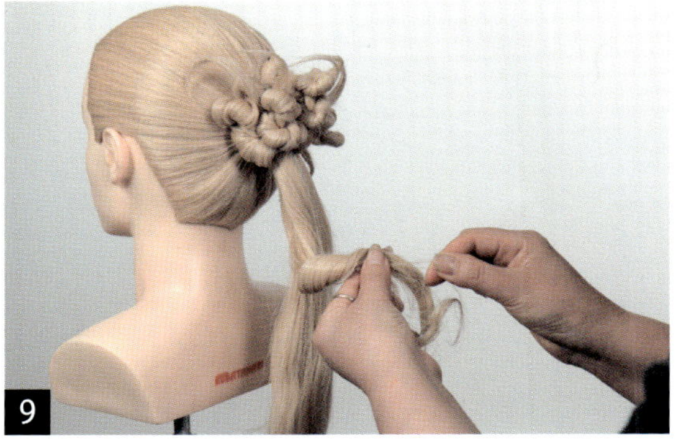

전체 모발의 2/3 정도는 느슨한 꼬기를 한 패널 끝자락 부분 중간에서 한올을 잡아당겨 볼륨 있는 꼬기를 온·성한다.

10

11

12

13

14

3) 꼬기 기법 업스타일 완성하기

2. 매듭(Knot)

학습내용	매 듭
수업목표	• 업스타일의 매듭 테크닉을 시술할 수 있다. • 디자인을 고려하여 브로킹, 핀처리 등을 할 수 있다. • 매듭 기법에 따라 업스타일을 마무리할 수 있다.

<table>
<tr><th colspan="2">매듭기법 선행학습</th></tr>
<tr><td>한 가닥
매듭</td><td>
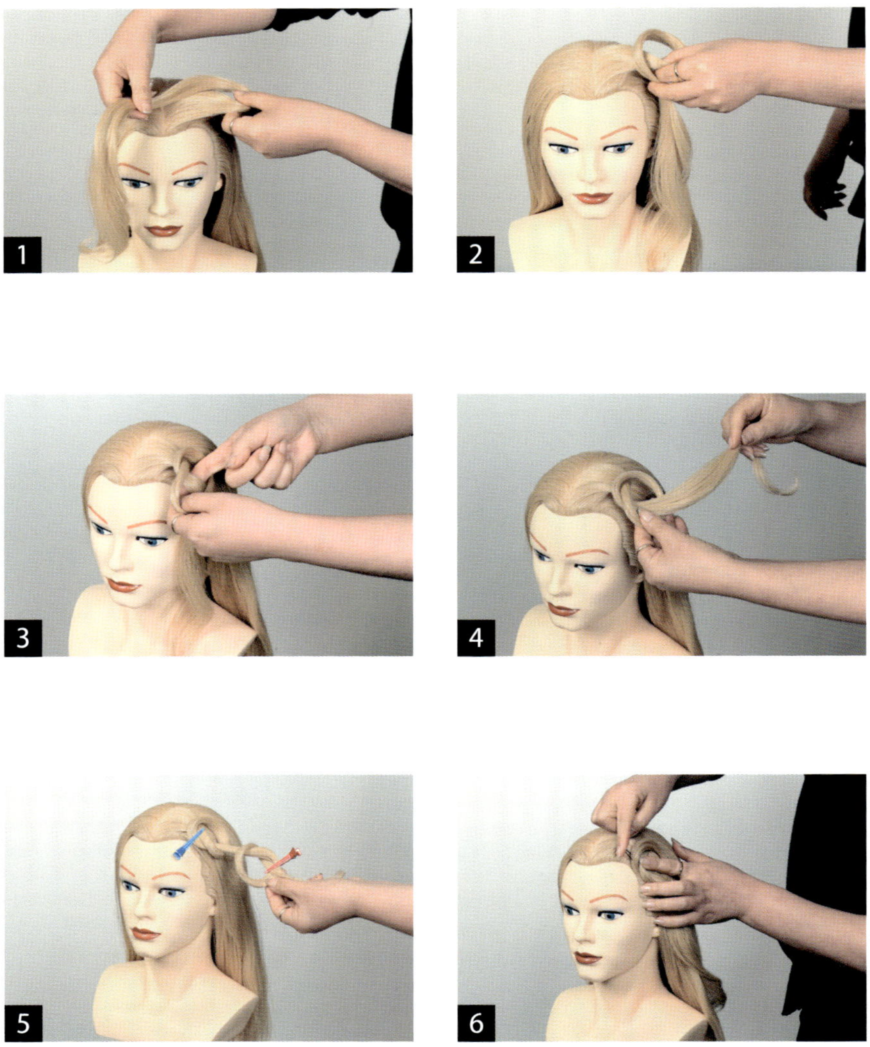

[기본매듭] 패널을 반시계방향(시계방향)으로 돌려서 원을 만든 후 패널 끝부분을 빼주면 한 개의 매듭이 만들어진다.
</td></tr>
</table>

<table>
<tr>
<td>두 가닥
매듭</td>
<td>
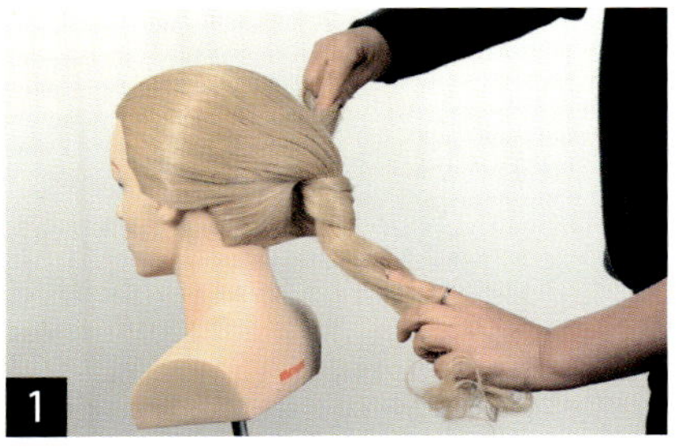
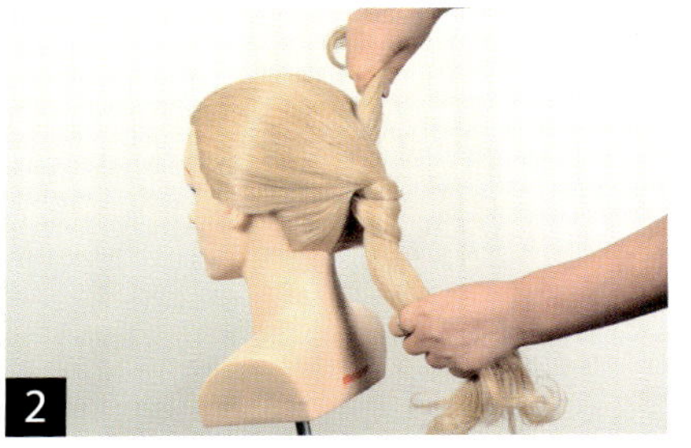
[리본매듭] 두 개의 패널을 포장 끈 묶는 방법으로 매듭을 만들어준다.

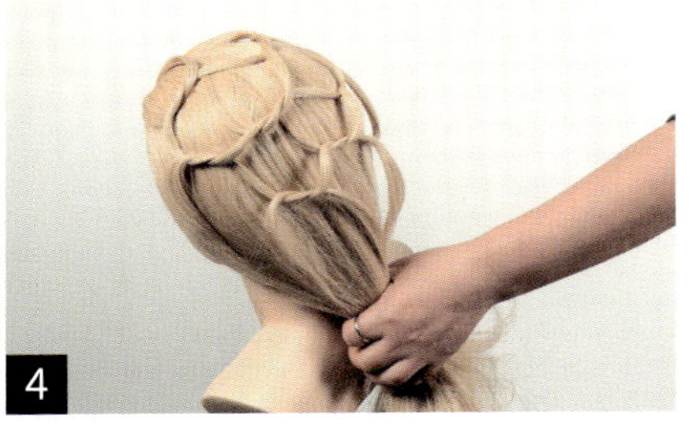
[사슬매듭] 두 개의 패널을 연속적으로 매듭을 이어간다.
</td>
</tr>
<tr>
<td>매듭
응용</td>
<td>
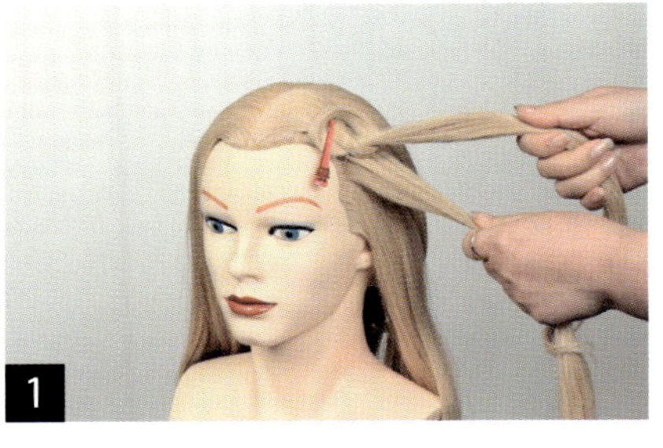
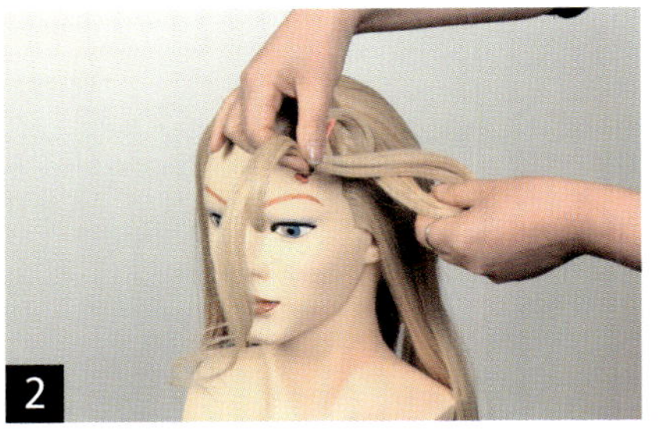
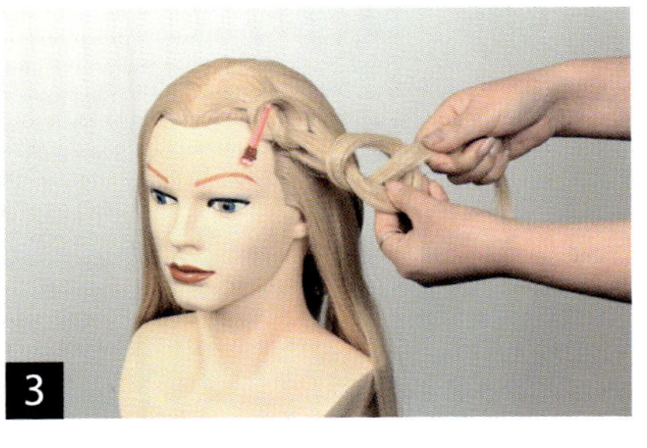

[스텝이 있는 매듭]
한 개의 매듭을 만든 후 밑에서 패널을 집어서 패널 길이를 연장하면서 계속 매듭을 만들어 간다.
</td>
</tr>
</table>

매듭 응용

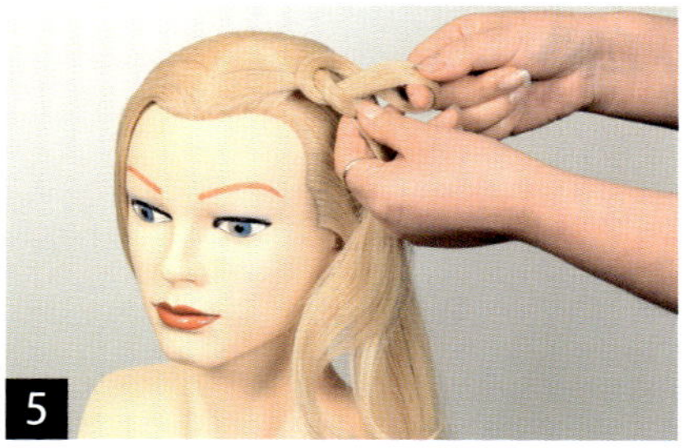

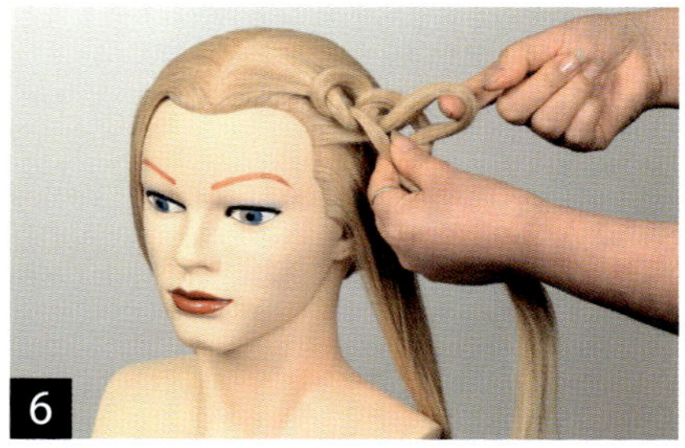

[스텝이 없는 매듭]

매듭 끝자락을 완전히 빼지 않은 상태에서 패널을 집어서 연속적으로 매듭을 이어 간다.

1) 업스타일 준비하기

헤어라인을 따라 원형으로 2cm 간격의 3개의 섹션을 나눈다.

2) 매듭 기법 시술하기

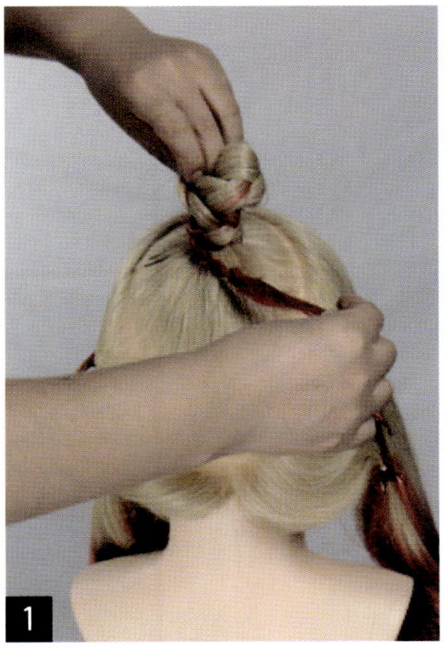

골덴 포인트(G.P)에서 3가닥 땋기를 하여 작은 토대를 만든다.

중간 원형섹션을 좌, 우 4개의 파팅으로 나누어 시계반대방향으로 매듭을 만든다.

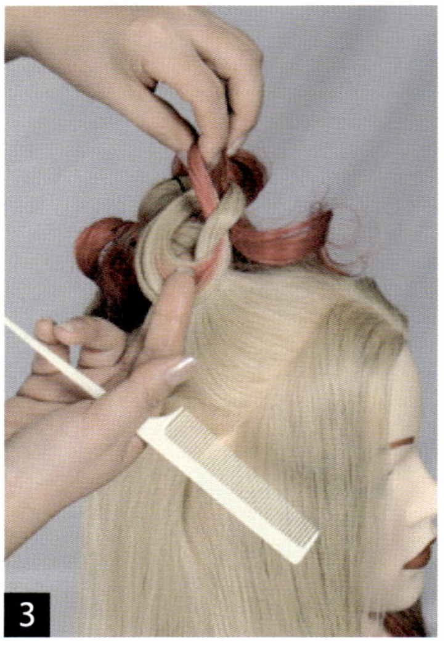

3

오른쪽 패널은 시계방향으로 돌려 매듭을 형성하며, 진행형 매듭을 만들 땐 첫 매듭이 풀리지 않도록 핀을 안쪽에서 두 개의 매듭이 연결되는 지점에 핀 고정을 하도록 한다.

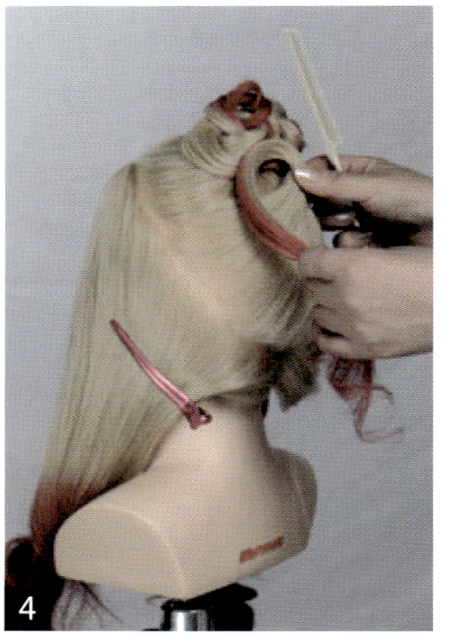

4

패널이 꼬이지 않도록 주의하여 같은 방향으로 돌려 감아 매듭을 만든다.

5

사이드도 같은 방법으로 진행하면서 G.P 지점의 구도를 생각하며 고정한다.

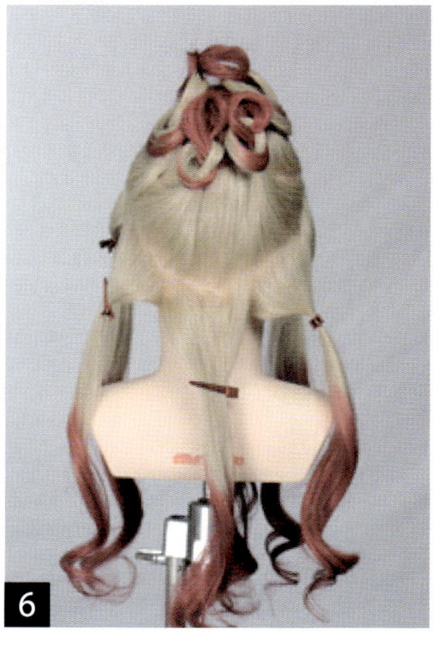

6

안쪽의 매듭과 겹치지 않도록 주의하여 헤어라인의 섹션을 6개 파팅으로 나눈다.

패널이 서로 엇갈린 느낌이 나도록 하며, 안쪽의 매듭보다 많은 진행(연결)형 매듭을 만든다.
(패널 사이 0.5cm의 모발을 빼놓는다.)

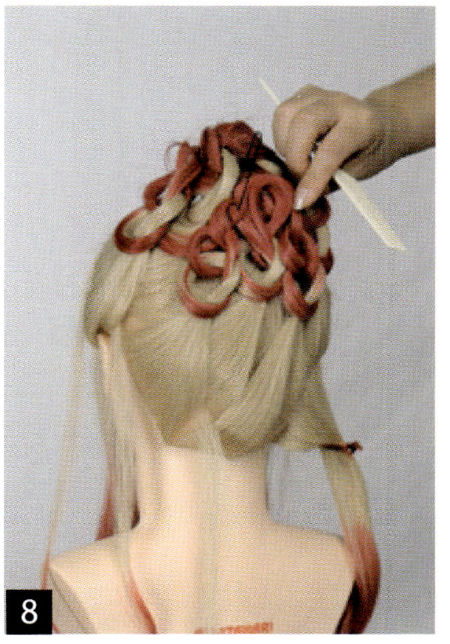

후두부의 정중선이 갈라지지 않도록 하고, 매듭의 형태가 흐트러지지 않게 핀 고정을 안쪽에서 지그재그로 고정한다.

파팅선이 보이지 않도록 빗질의 방향을 G.P 지점을 향하도록 하여 시계방향으로 돌려 매듭을 만든다.

완성된 매듭이 뭉쳐 보이지 않도록 U핀을 사용하여 패널에 모양을 만들어 놓고 스프레이로 고정을 한다.

가닥으로 남겨놓은 모발은 아이론을 이용하여 컬을 만든 후 광택제를 사용하여 윤기가 나도록 한 후 자연스러운 느낌을 준다.

3) 매듭 기법 업스타일 완성하기

스타일 완성 모습

memo

3. 꼬기(Twist) & 매듭(Knot)

학습내용	꼬기 & 매듭
수업목표	• 업스타일의 꼬기 & 매듭 테크닉을 시술할 수 있다. • 디자인을 고려하여 브로킹, 핀 처리 등을 할 수 있다. • 꼬기 & 매듭기법을 이용한 업스타일을 마무리 할 수 있다.

1) 업스타일 준비하기

1

2

왼쪽 F.S.P 지점에서 오른쪽 N.S.P 지점까지 섹션한다.

2) 꼬기 & 매듭 기법 시술하기

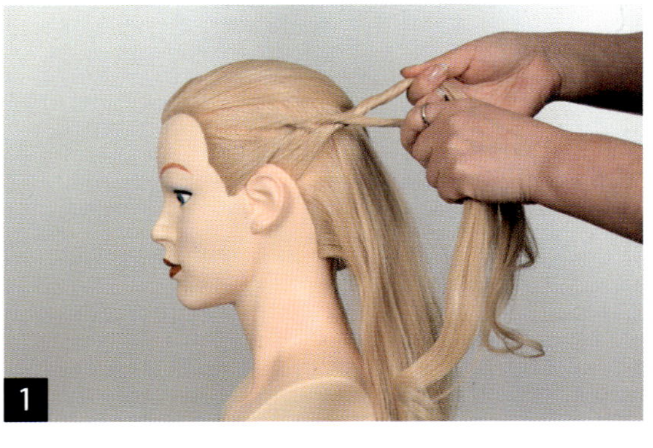
1

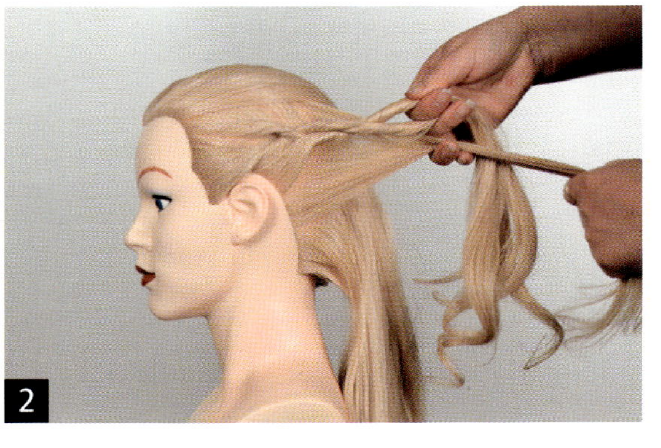
2

왼쪽 패널은 2가닥 꼬기로 시작하여 패널을 집어오면서 스텝이 점차로 길어지도록 한 후 반을 접어서 고정한다.

9

10

11

오른쪽은 3개 파팅으로 나누어서 스텝이 없는 연결매듭을 한다.

12

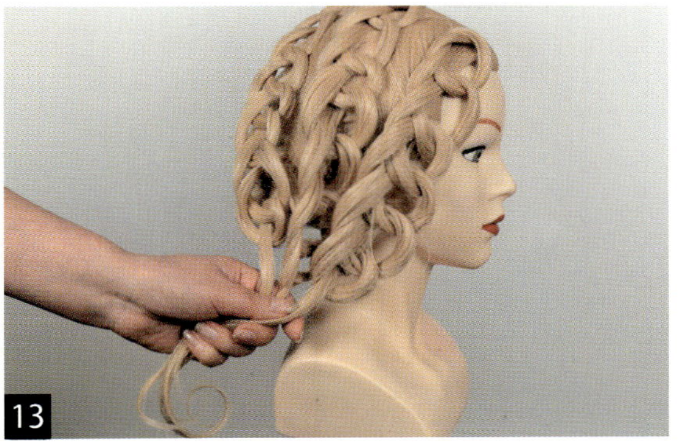

오른쪽 첫 번째 매듭은 헤어라인이 보이지 않게 얼굴선을 따라 턱선까지 내려와서 왼쪽의 꼬기 끝가닥과 합쳐서 고정한다.

3) 꼬기 & 매듭 기법 업스타일 완성하기

memo

4. 땋기(Braid) 1

학습내용	땋기
수업목표	(땋기 기법 1) – 3가닥, 4가닥, 5가닥 • 업스타일의 기본 테크닉을 시술할 수 있다. • 위로 땋기, 아래로 땋기, 홀수 땋기, 짝수 땋기를 구분할 수 있다. • 디자인을 고려하여 브로킹, 핀 처리 등을 할 수 있다.

땋기기법 선행학습

위로 (바로) 땋기

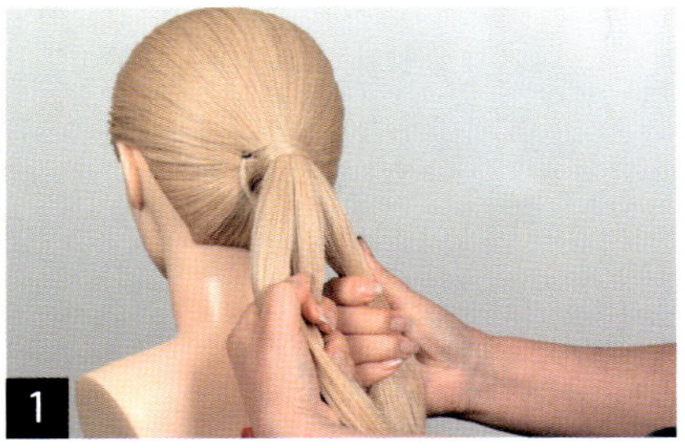

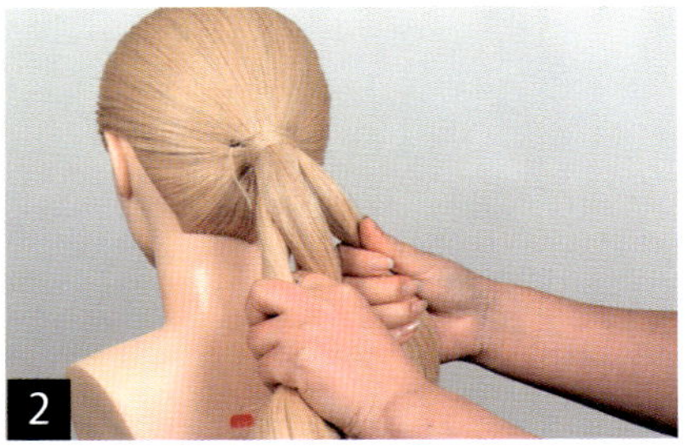

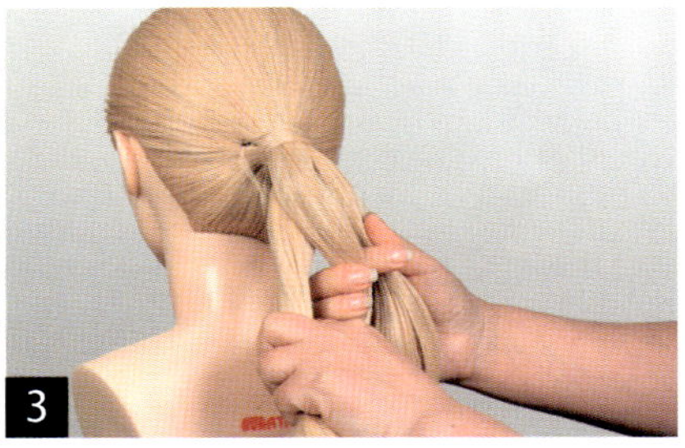

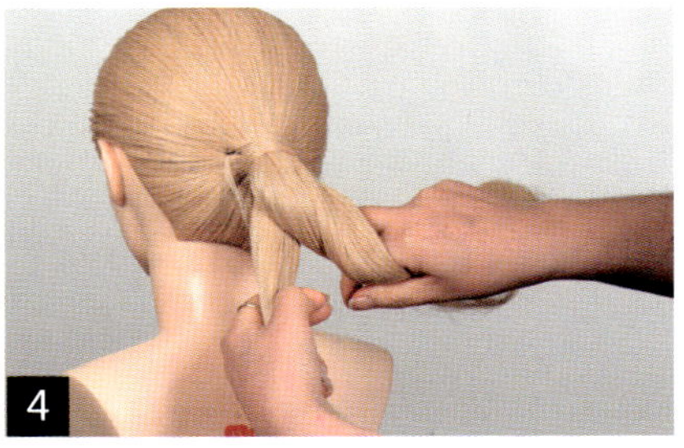

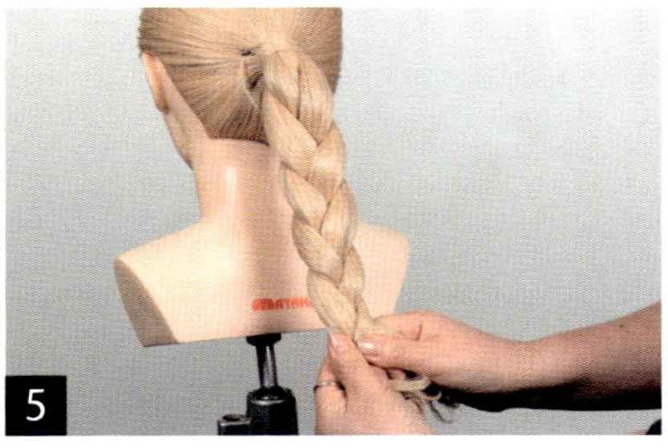

3개의 패널은 엄지, 검지, 중지를 이용해서 왼손(오른손)에 패널을 2개, 다른 한쪽에 1개의 패널을 손바닥이 보이게 잡는다.
2가닥 패널이 있는 왼손을 손등이 보이게 뒤집으면서 1개의 패널을 오른손으로 교차하면서 외곽의 패널이 중심가닥 위으로 올라오게 연속적인 동작을 한다.

아래로 (거꾸로) 땋기	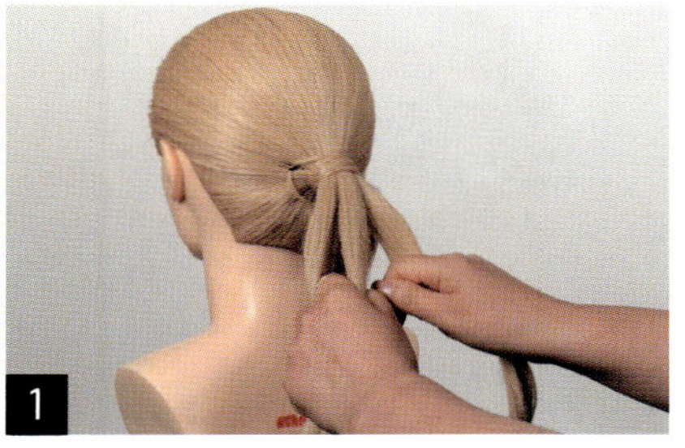 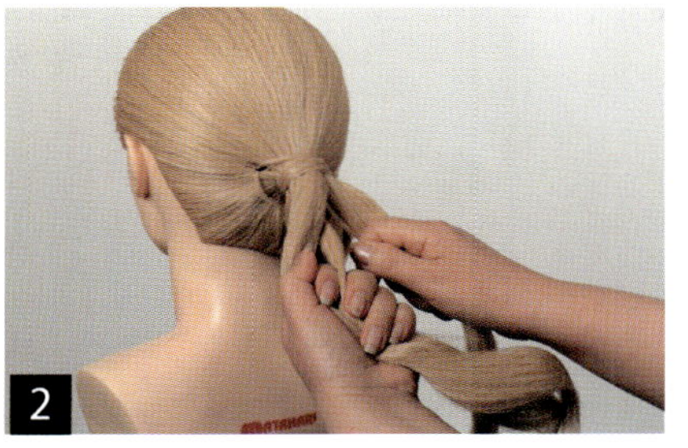 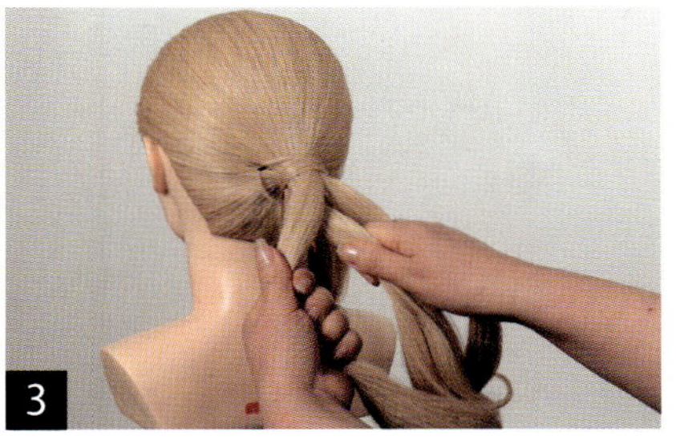 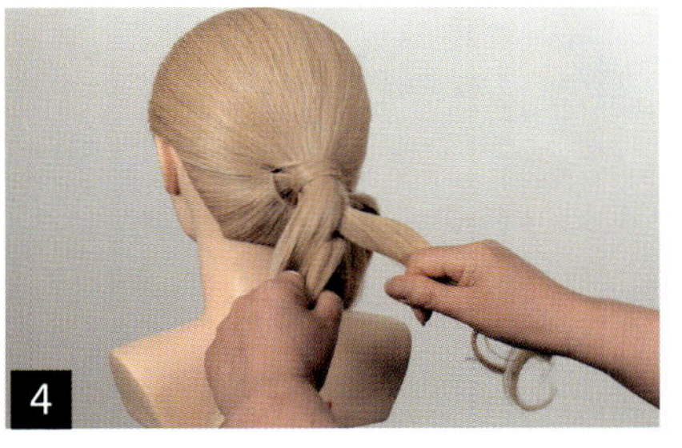 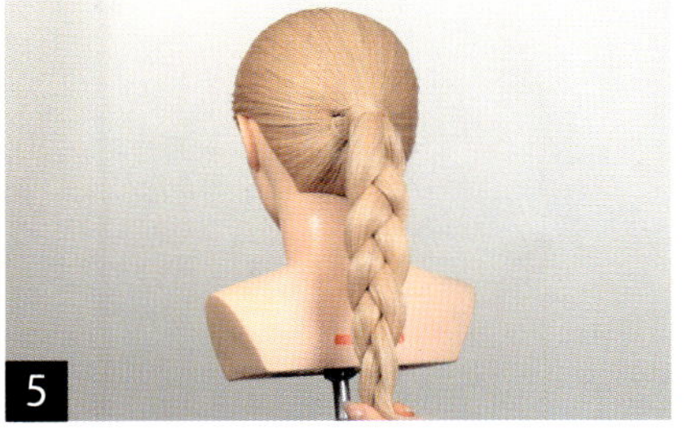 3개의 패널은 엄지, 검지, 중지를 이용해서 왼손(오른손)에 패널을 2개, 다른 한쪽에 1개의 패널을 손등이 보이게 잡는다. 2가닥 패널이 있는 왼손을 손바닥이 보이게 뒤집으면서 1개의 패널을 오른손으로 교차하면서 외곽의 패널이 중심가닥 밑으로 들어가게 연속적인 동작을 한다.

홀수땋기

5가닥 위로 땋기

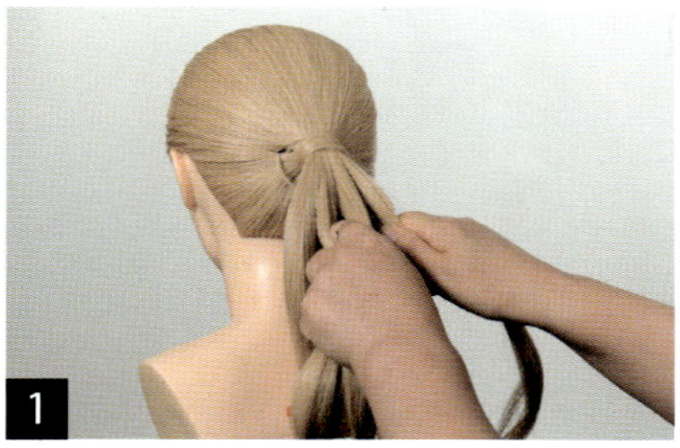

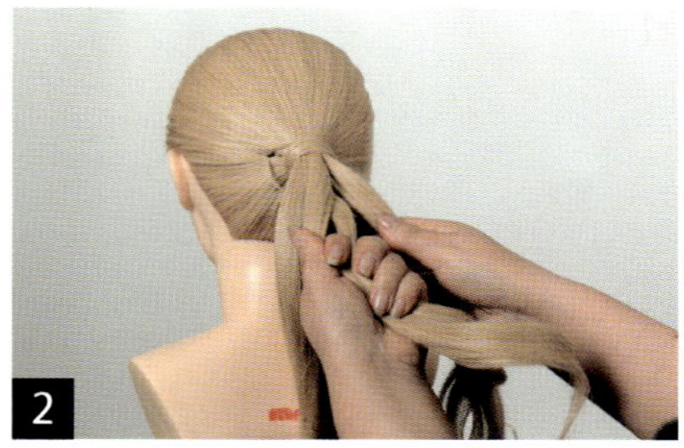

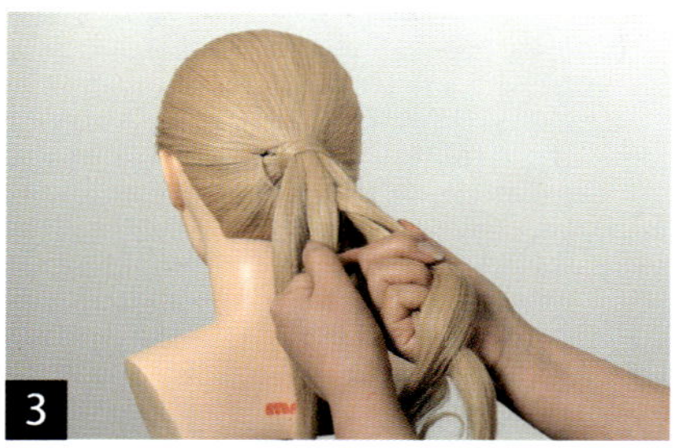

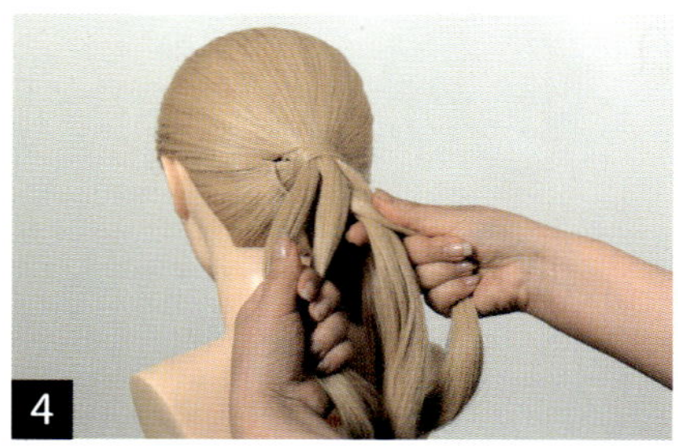

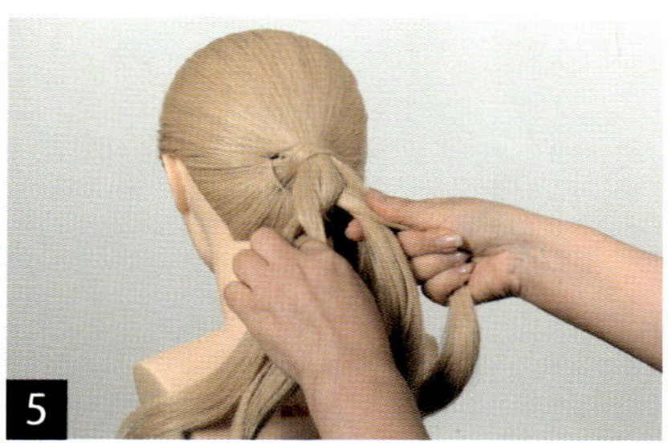

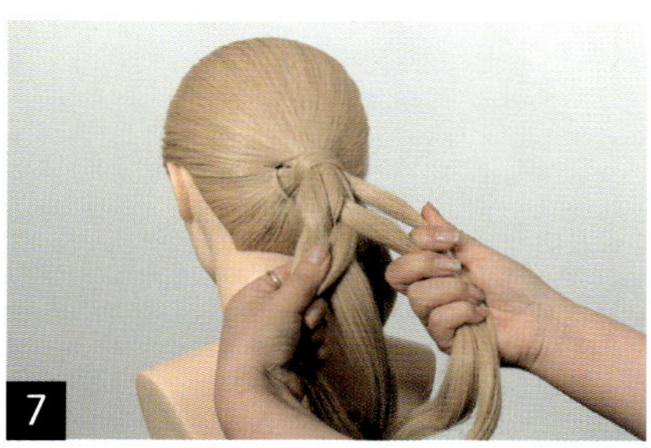

홀수땋기

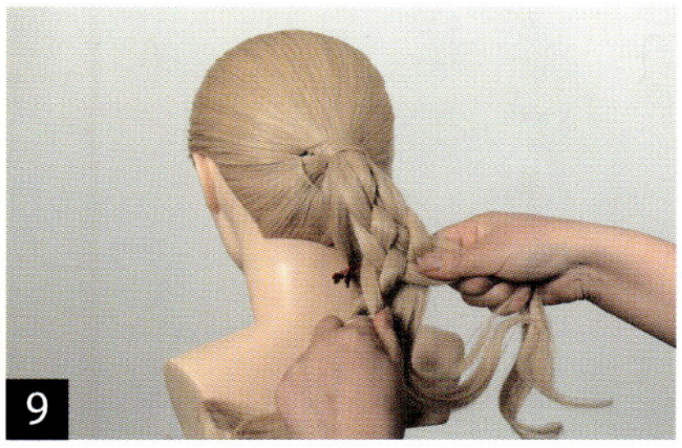
9

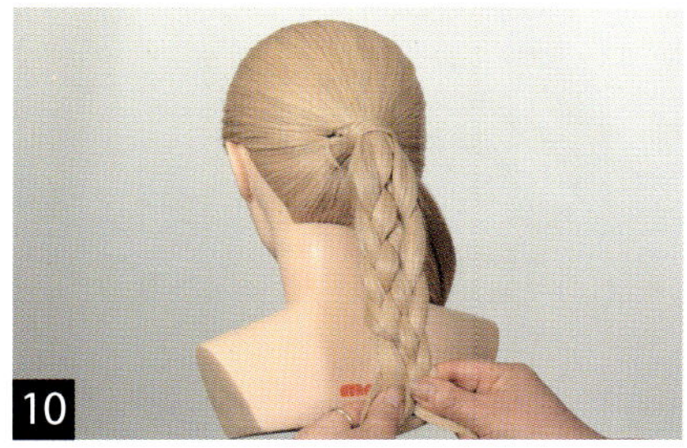
10

처음 시작은 왼쪽부터 3가닥 아래로 시작한 후 왼쪽에 4번째 패널이 위로 올라갔다 중간 가닥 밑으로 교차한 후 반대쪽 5번째 가닥도 위로 올라갔다 내려와서 교차한 후, 왼쪽 손에 3가닥 오른쪽에 2가닥으로 나누어지게 한다.
왼쪽은 3가닥 위로 땋기를 하고 오른쪽은 5번째 가닥이 위로 교차되어 X자가 되도록 연속동작을 한다.

5가닥 아래로 땋기

1

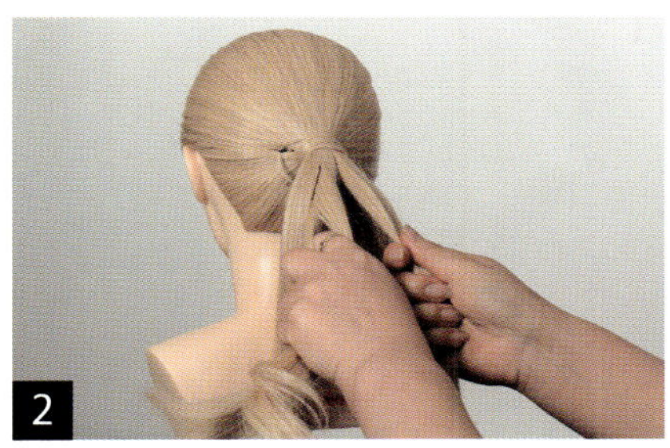
2

3

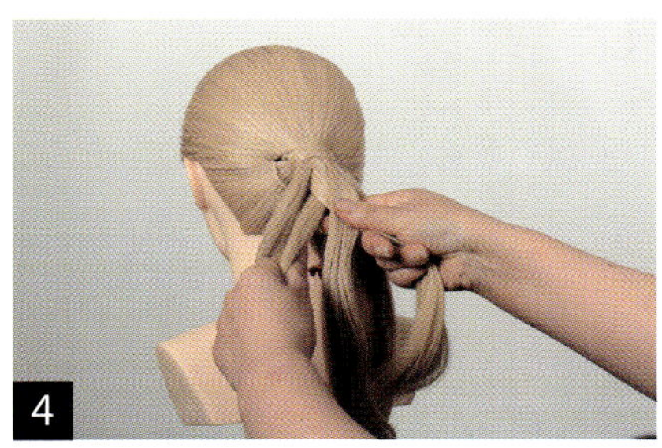
4

홀수땋기

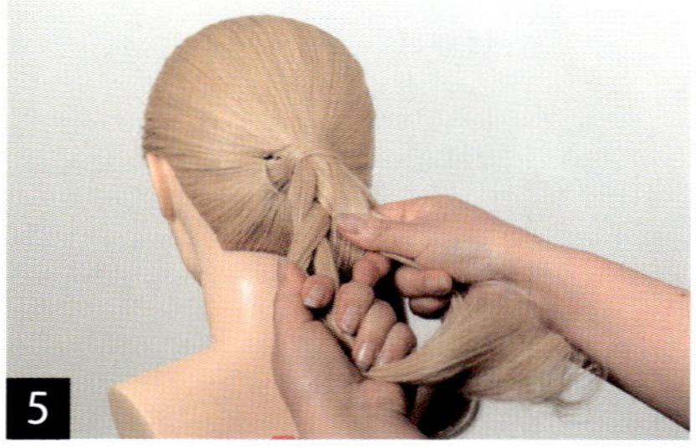

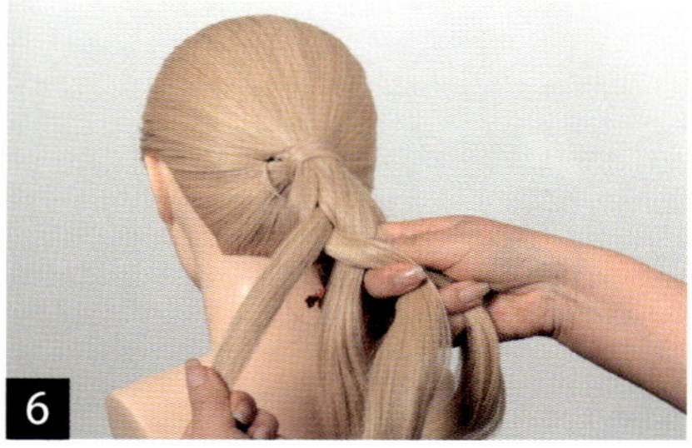

처음 시작은 왼쪽부터 3가닥 위로 시작한 후 왼쪽에 4번째 패널이 아래로 내려갔다 중간 가닥 위로 교차한 후 반대쪽 5번째 가닥도 아래로 내려갔다 올라와서 교차한 후, 왼쪽 손에 3가닥 오른쪽에 2가닥으로 나누어지게 한다.
왼쪽은 3가닥 아래로 땋기를 하고 오른쪽은 5번째 가닥이 아래로 교차되어 X자가 되도록 연속동작을 한다.

짝수땋기	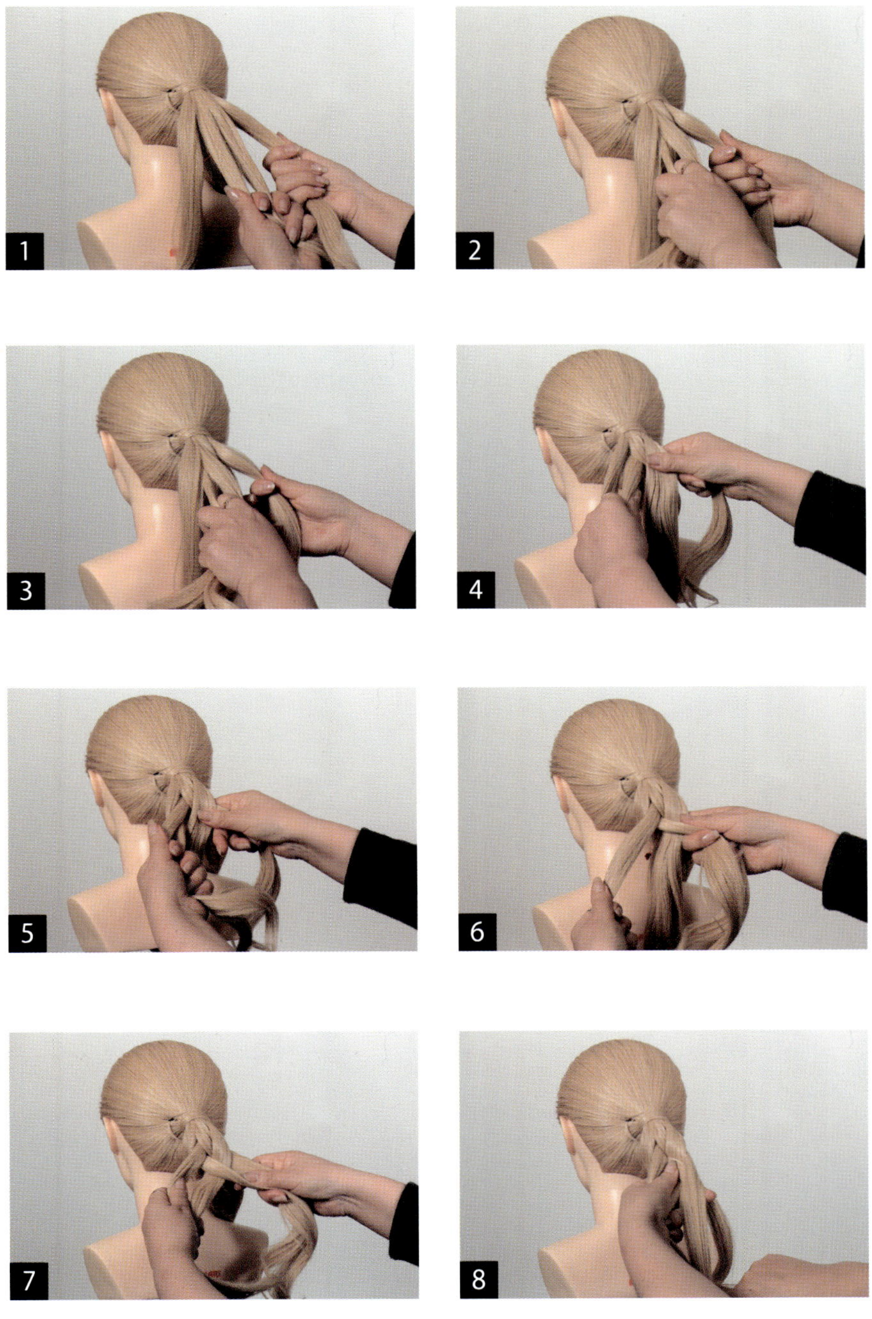

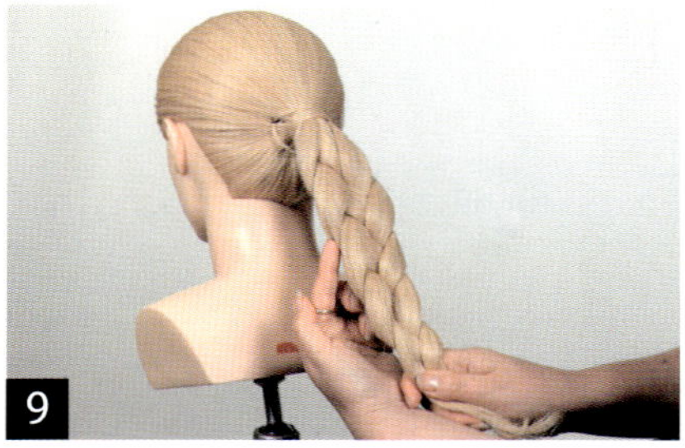
9

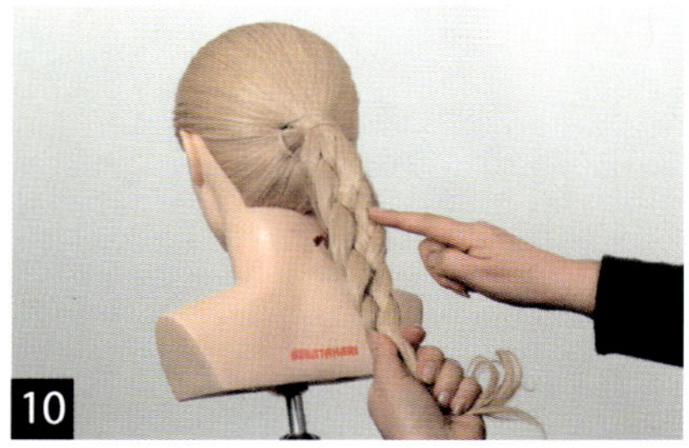
10

3가닥 위로 땋기로 시작하여 4번째 패널 3번 가닥 아래로 내려갔다 올라와서 교차 한 후 오른쪽 외곽 패널이 위로 올라오면 왼쪽은 3가닥 아래로 땋기를 하면서 연속 동작을 한다.(완성 후 왼쪽은 아래로 땋기 모양, 오른쪽은 위로 땋기 모양으로 패턴이 만들어져야 한다.)

바구니 땋기

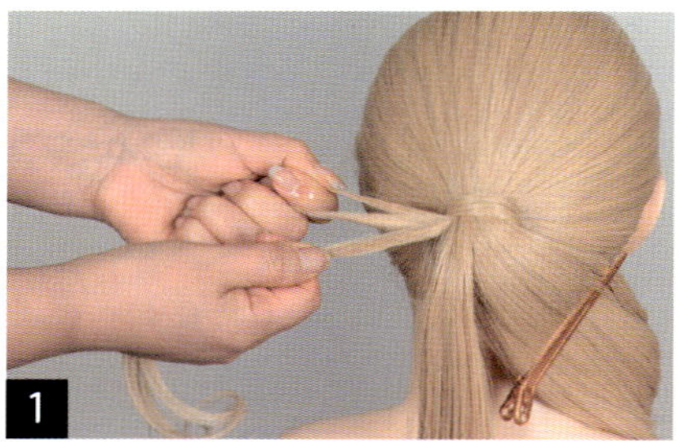
1

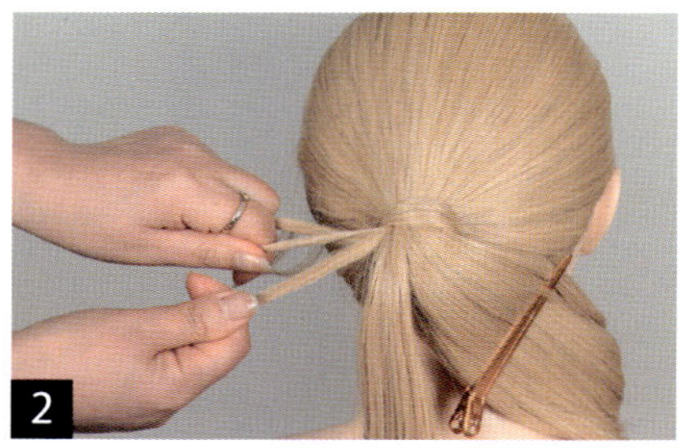
2

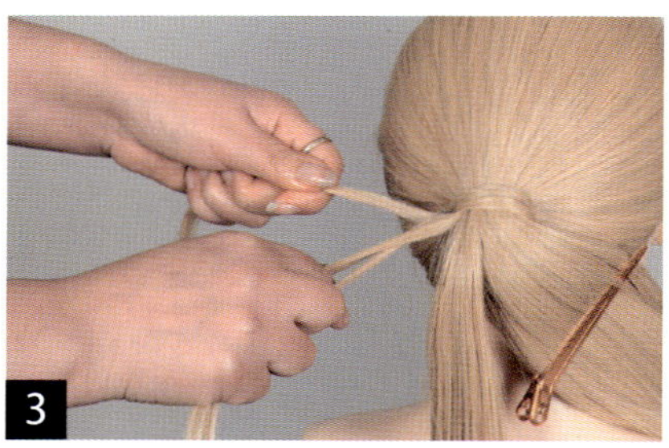
3

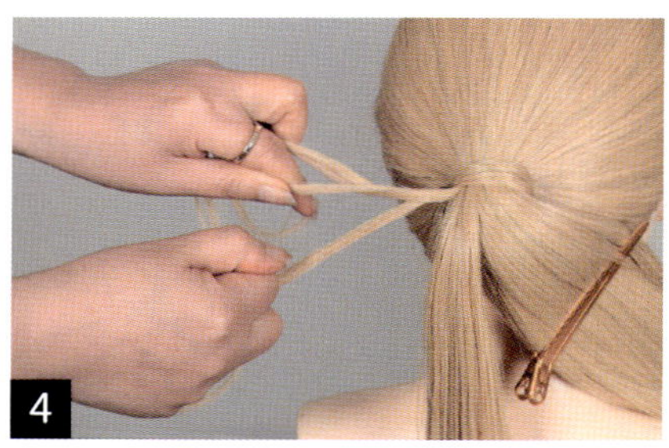
4

5

3가닥 위로 땋기로 왼손에 2가닥, 오른손에 1가닥으로 시작하여 왼손 한 번 교차, 오른손 한 번 교차, 다시 왼손 교차 후 검지와 중지 사이에 있는 3번 가닥을 잡고 다른 가닥은 내려놓는다.

바구니 땋기

한 가닥을 잡고 4번째 가닥을 가지고 와서 먼저 잡고 있던 가닥에서 1번 가닥을 교차(뺀)한 후 잡고 있던 가닥은 패널을 앞쪽으로 내려놓는다.

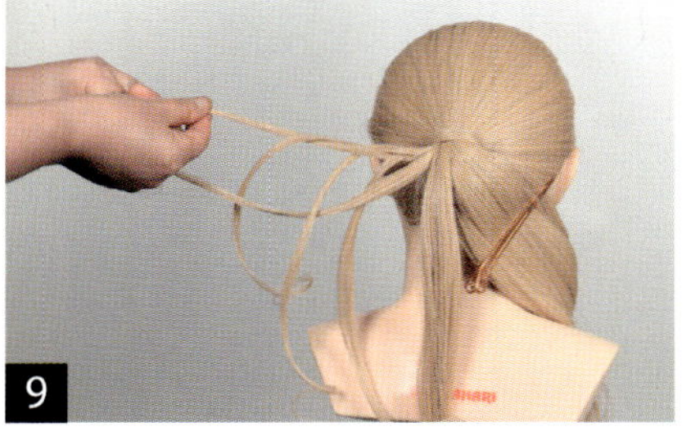

5번째 가닥도 같은 방법으로 2번 가닥을 빼고, 6번째 가닥은 1번, 3번 가닥을, 7번째 가닥은 2번, 4번 가닥을 반복 진행한다.

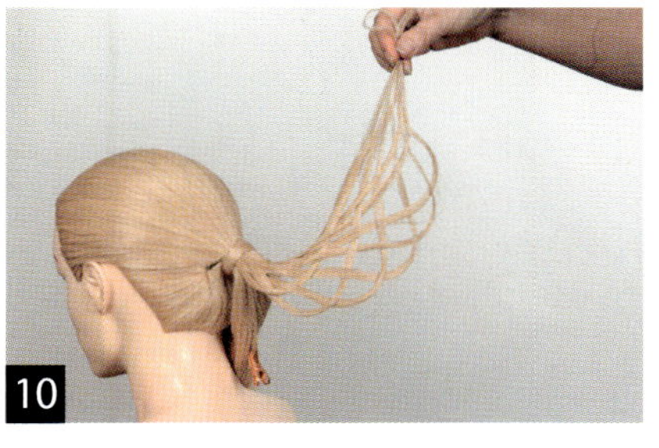

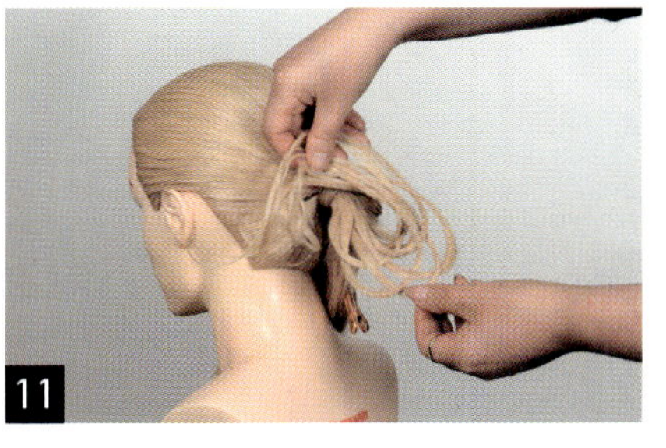

5. 땋기(Braid) 2

학습내용	땋기
수업목표	**(땋기 기법 2) – 땋기 디자인** • 업스타일의 땋기 테크닉을 시술할 수 있다. • 디자인을 고려하여 브로킹, 핀 처리 등을 할 수 있다. • 땋기 디자인에 따라 업스타일을 마무리할 수 있다.

1) 업스타일 준비하기

센터포인트를 기준으로 양쪽 프론트 사이드 포인트 지점에서 네이프 포인트 양쪽 지점까지 섹션한다.

2) 땋기 기법 시술하기

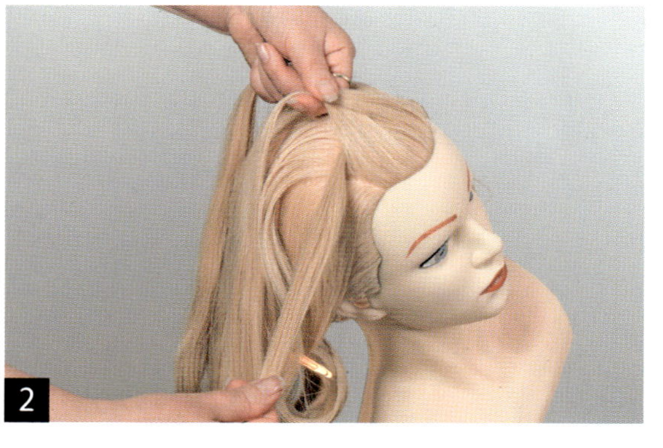

3가닥 땋기로 시작하여 한 가닥 빼고 새로운 가닥을 집어서 연결땋기를 한다.
이때, 균등하게 양쪽 패널을 뺀다.(3가닥 양쪽 빼고 양쪽 집어 땋기)

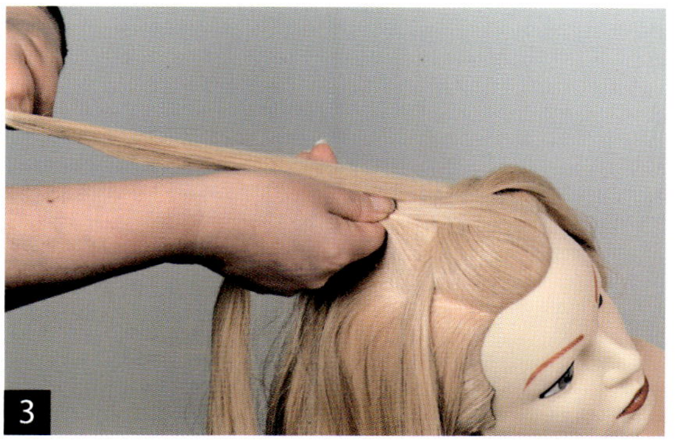
3

4

5

땋기가 끝나면 네이프 포인트에 포니테일을 한다.

6

7

8

9

한 가닥 빼놓은 가닥을 이용하여 3가닥 양쪽 집어 땋기를 한다.

10

11

12

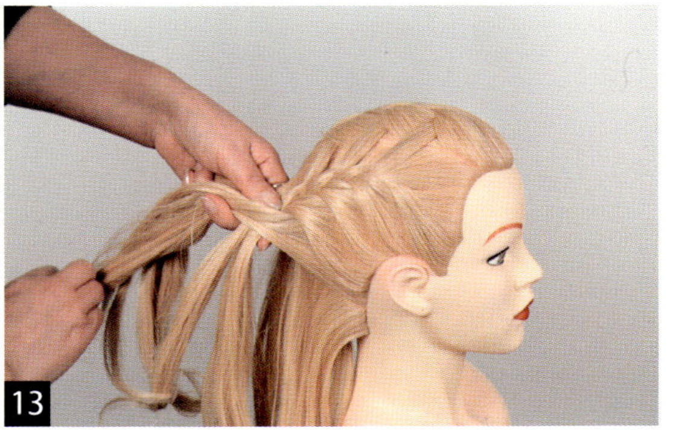
13

땋기를 한 양쪽 가닥은 고리 모양으로 말아서 네이프 사이드에 고정한다.

14

네이프 포인트에 고정한 패널은 7가닥 바구니 땋기를 한다.
(* 바구니땋기를 할 때는 광택제를 충분히 뿌린 후 시술한다.)

3) 업스타일 완성하기

6. 겹치기(Overlap)

<table>
<tr><th>학습내용</th><th>겹치기</th></tr>
<tr><td>수업목표</td><td>(겹치기 기법 – 아래로 겹치기)
• 업스타일의 아래로 겹치기 테크닉을 시술할 수 있다.
• 디자인을 고려하여 브로킹, 핀 처리를 할 수 있다.
• 아래로 겹치기 기법에 따라 업스타일을 마무리 할 수 있다.

(겹치기 기법 – 위로 겹치기)
• 업스타일의 위로 테크닉을 시술할 수 있다.
• 디자인을 고려하여 브로킹, 빽콤, 토대 형성, 핀 처리 할 수 있다.
• 위로 기법에 따라 업스타일을 마무리할 수 있다.</td></tr>
</table>

<table>
<tr><th colspan="2">겹치기 기법 선행학습</th></tr>
<tr><td>아래로
겹치기</td><td>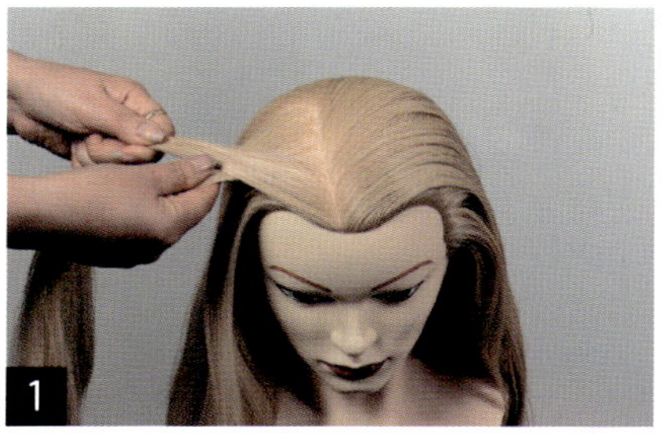
두 가닥 패널을 이용해서 서로 반대쪽 방향으로 겹치게 하여 물고기 꼬리 모양으로 만든다.</td></tr>
</table>

1) 겹치기(아래로) 기법

(1) 업스타일 준비하기

겹치기는 매끄러운 질감으로 C컬 정도로 블로우드라이 한다.
(*네추럴하게 하려면 아이론 웨이브를 시술한다.)

(2) 겹치기(아래로) 기법 시술하기

1

2

2개의 패널이 서로 반대 방향으로 일정한 간격으로 매끄럽게 겹치게 한다.
이때 패널의 각도를 들어주면 볼륨감이 생기고, 섹션을 크게 하면 패턴은 감소한다.

겹치기 한 끝 패널도 같은 방법으로 양쪽에서 조금씩 일정한 간격으로 서로 반대 방향으로 느슨하게 겹쳐준다.

겹치기 한 끝 패널도 같은 방법으로 양쪽에서 조금씩 일정한 간격으로 서로 반대 방향으로 느슨하게 겹쳐준다.

(3) 업스타일 완성하기

2) 겹치기(위로) 기법

(1) 업스타일 준비하기

크라운 부분에 원형 섹션을 한 후 포니테일을 한다.

(2) 겹치기(위로) 기법 시술하기

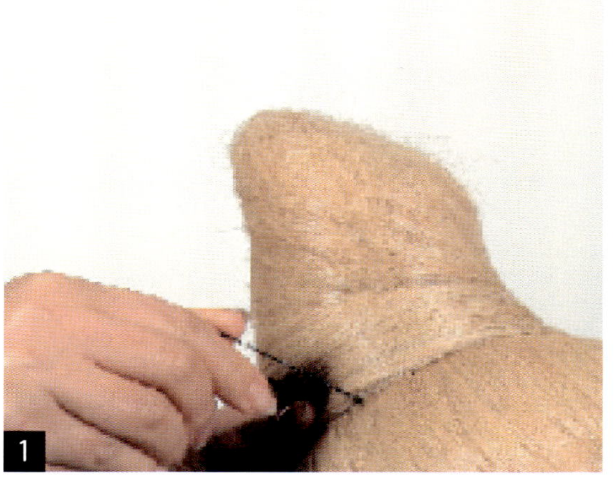

포니테일 한 패널에 토대 빽콤을 넣고 삼각뿔 모양으로 토대를 세워 고정한다.

네이프의 왼쪽 패널을 토대까지 매끄럽게 빗어 올린 상태에서 적당한 텐션을 유지하면서 토대를 감아 고정한다.

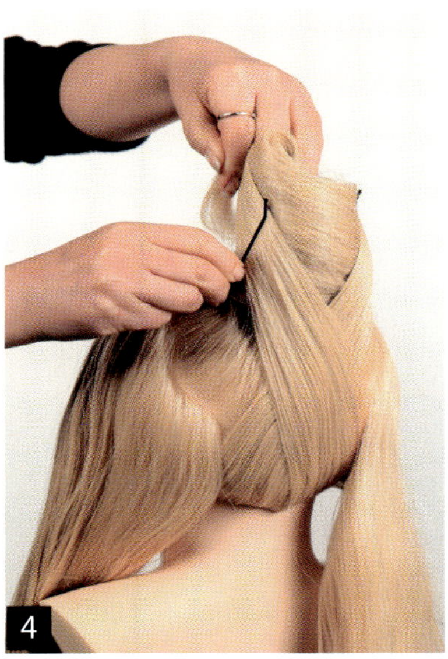

첫번째 패널을 겹치지 않게 패널이 일정한 패턴을 만들어야 한다.

6

마지막 패널을 고정할 때는 U핀을 이용해서 위에서 아래로 고정한다.

7

전두부는 센터 포인트를 중심으로 패널이 서로 반대방향으로 겹쳐지도록 한다.

(3) 업스타일 완성하기

7. 고리(Loop)

학습내용	고리
수업목표	• 헤어스타일 디자인을 고려하여 헤어 세트롤러 와인딩 방향과 각도를 조절할 수 있다. • 헤어 세트롤러를 제거한 후 업스타일을 하기 위한 준비를 할 수 있다. • 업스타일의 고리 테크닉을 시술할 수 있다. • 디자인을 고려하여 브로킹, 핀 처리, 빗질 등을 할 수 있다. • 고리 기법에 따라 업스타일을 마무리할 수 있다.

<table>
<tr><th colspan="2">고리기법 선행학습</th></tr>
<tr><td>한겹
고리</td><td>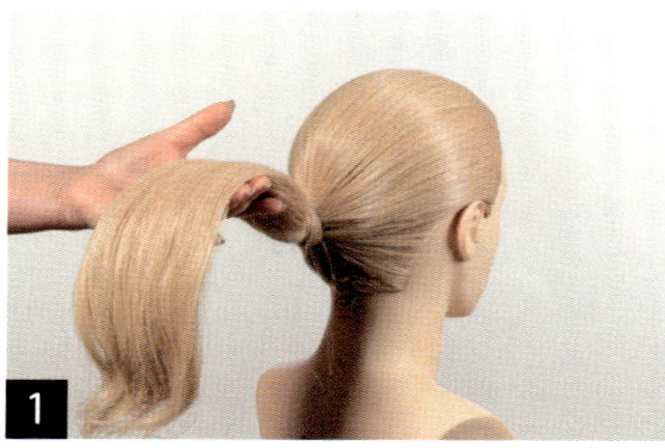 
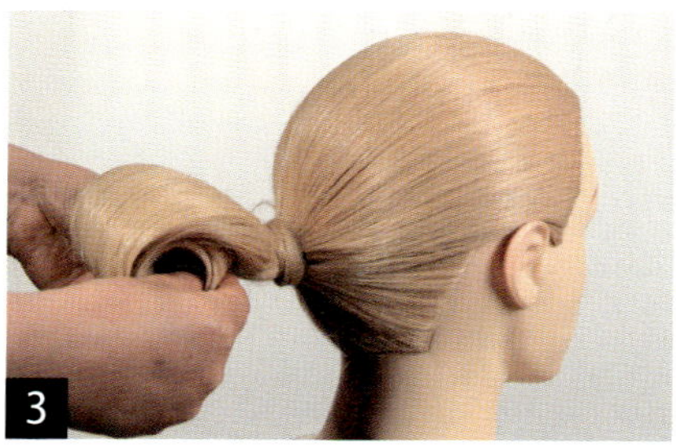 
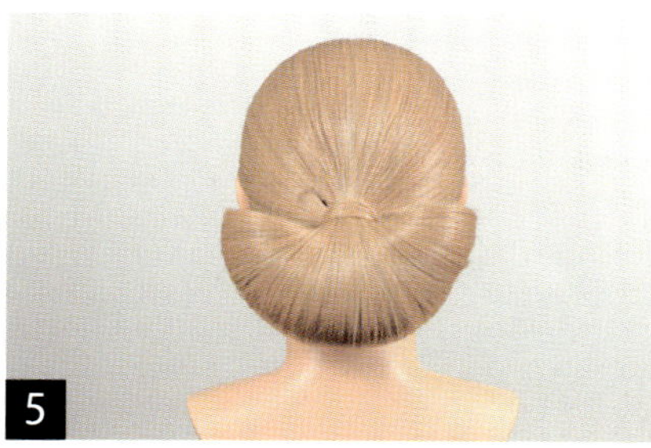 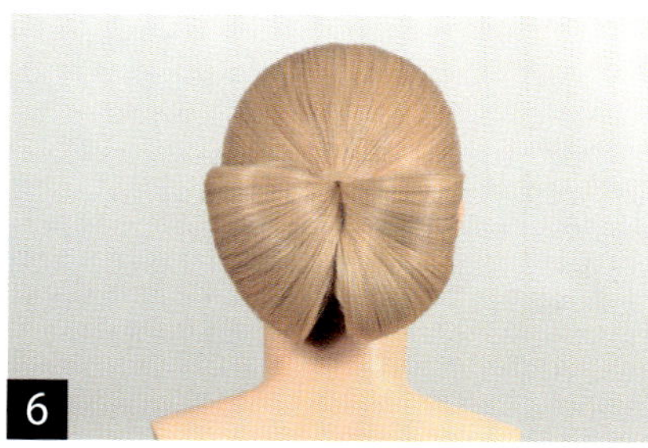
패널에 약간의 빽콤을 주고 빗살과 등을 이용하여 빗질 후 텐션을 주어서 패널의 15cm 지점을 손바닥에 올려 C컬을 만든 후 패널 끝가닥을 고리 속으로 넣고 고정한다.</td></tr>
</table>

겹고리

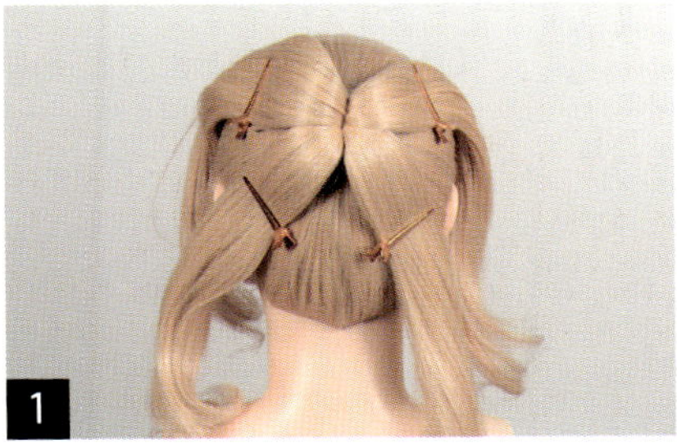

골덴 포인트에 포니테일을 한다.

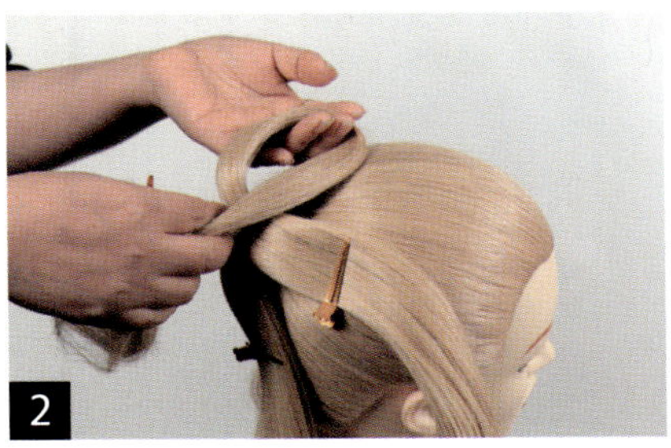

패널을 구부려서 조가비 모양으로 하여 고정한 후 끝부분 패널을 실핀으로 고정하여 돌려서 조가비 모양 고리 속으로 밀어넣고 고정한다.
4개 패널을 같은 방법으로 마무리한다.

<table>
<tr>
<td>겹고리</td>
<td>
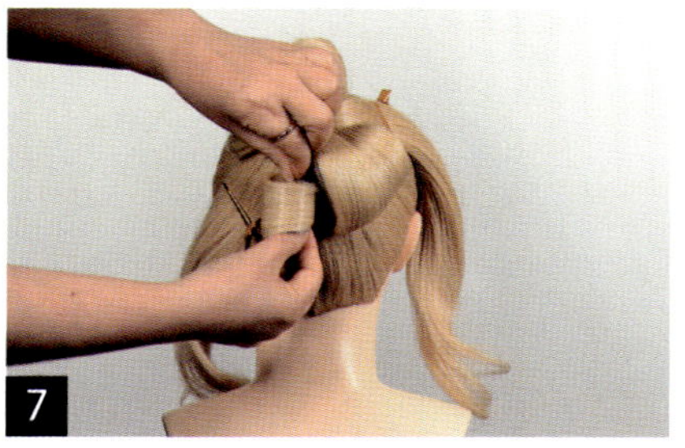

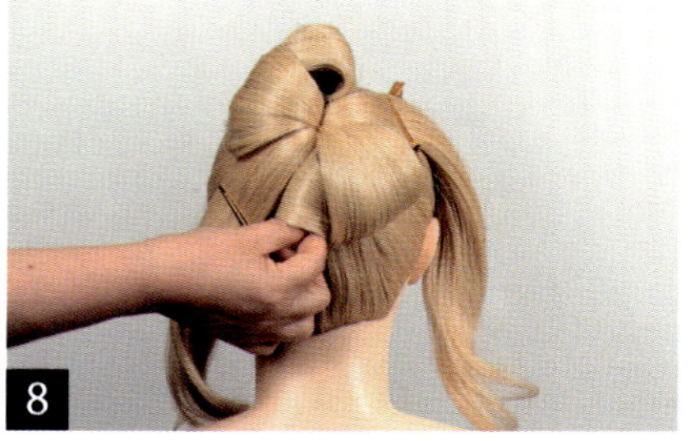

</td>
</tr>
</table>

1) 업스타일 준비하기

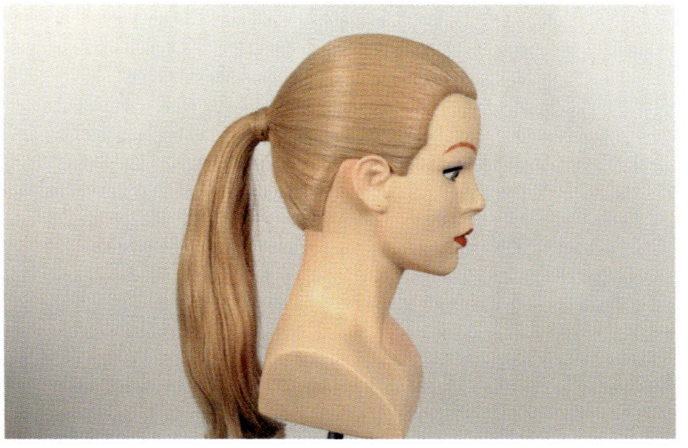

백포인트에 포니테일 한다.

2) 고리기법 시술하기

1

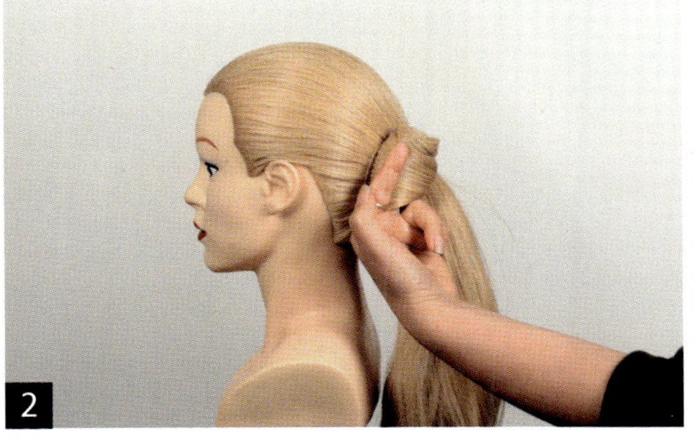

2

패널을 7~9개 정도로 나눈다.
패널에 텐션을 주어 겹고리가 되도록 둥글려서 고정시킨다.

3

4

손바닥을 이용하여 고리를 바닥에 올려놓은 후 실핀으로 고정한다.
겹고리를 할 때는 패널 끝부분 고리가 커져서는 안 된다.

5

6

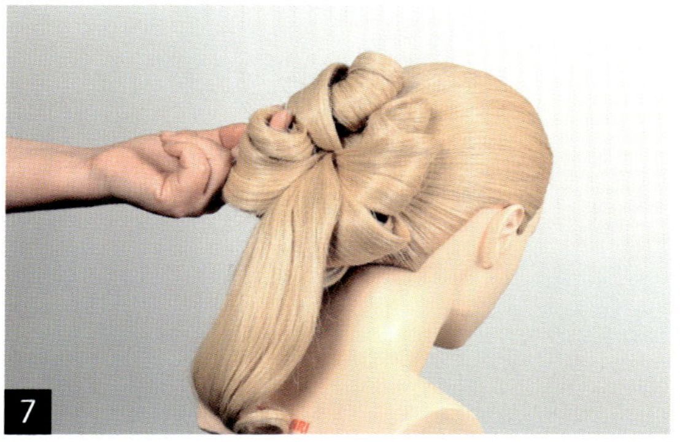

7

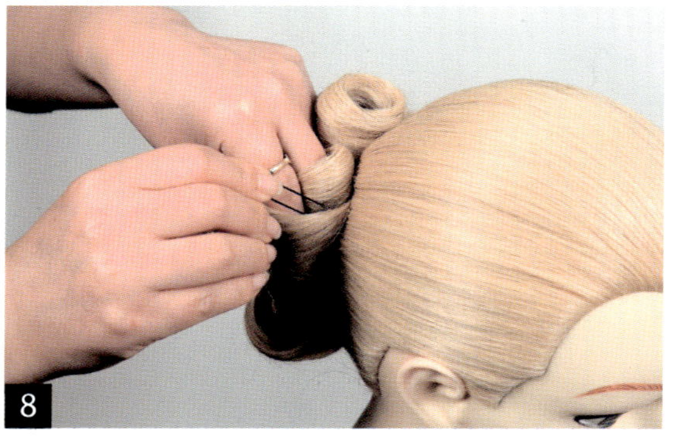

8

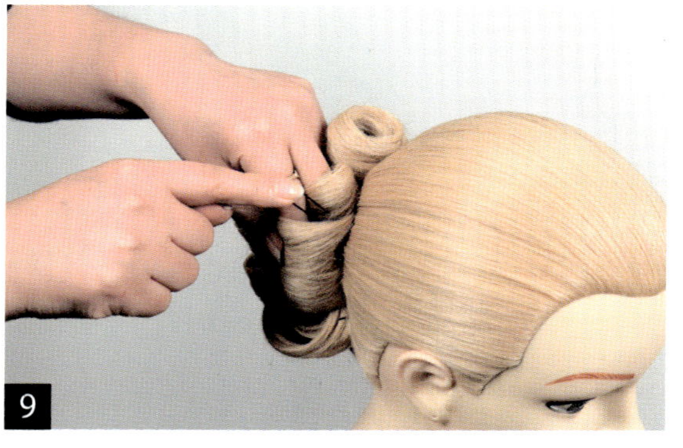

9

핀 고정은 U핀을 이용하여 패널을 서로 시침질하여 고정한다.

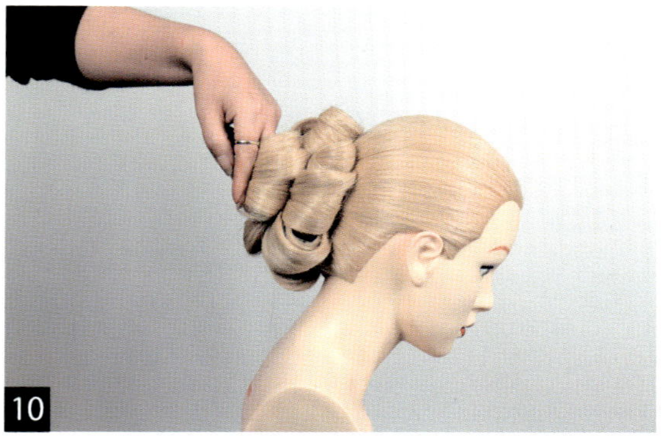

10

3) 업스타일 완성하기

8. 말기(Roll)

학습내용	말기
수업목표	• 업스타일의 말기 테크닉을 시술할 수 있다. • 모발 길이에 따른 말기의 크기와 각도에 따른 말기 위치 지점을 설명하고 시술할 수 있다. • 디자인을 고려하여 브로킹, 빽콤, 핀 처리 등을 할 수 있다. • 말기 기법에 따라 업스타일을 마무리할 수 있다.

말기기법 선행학습

말기 (소라) 기본

각도와 모발의 길이에 따른 말기 형태 변화

낮은 각도

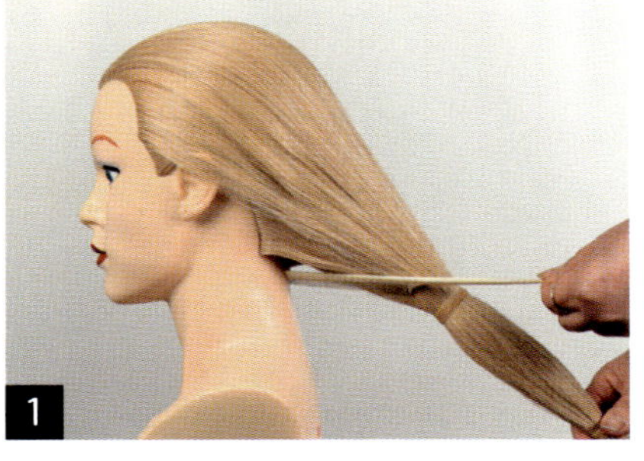

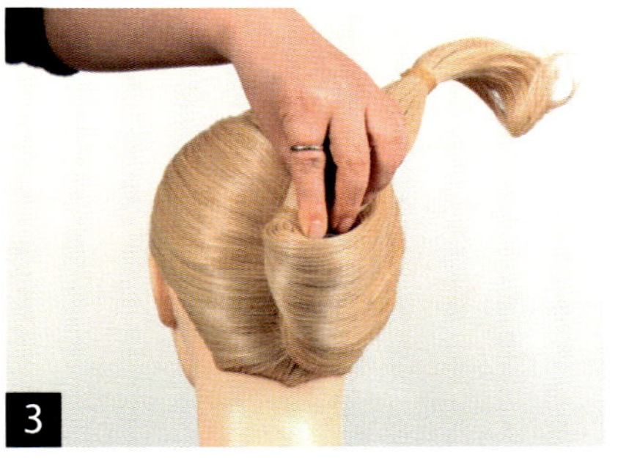

낮은 각도에서 모발의 길이가 짧을 때는 네이프 부분에서 볼륨 작은 소라 형태가 만들어진다.

낮은 각도에서 모발의 길이가 길어질 때는 네이프 부분에서 볼륨 큰 소라 형태가 만들어진다.

말기 (소라) 기본	

중간 각도

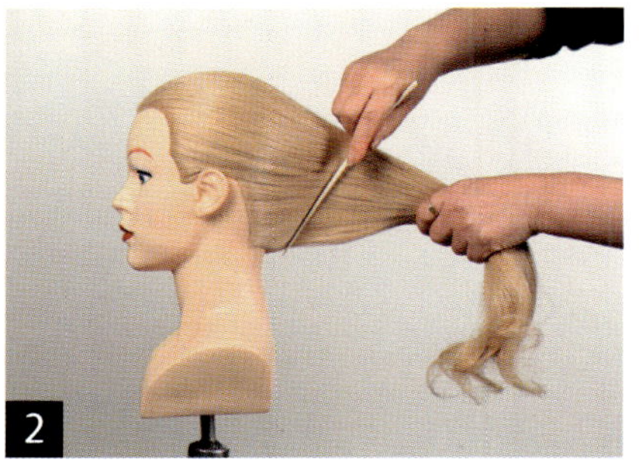

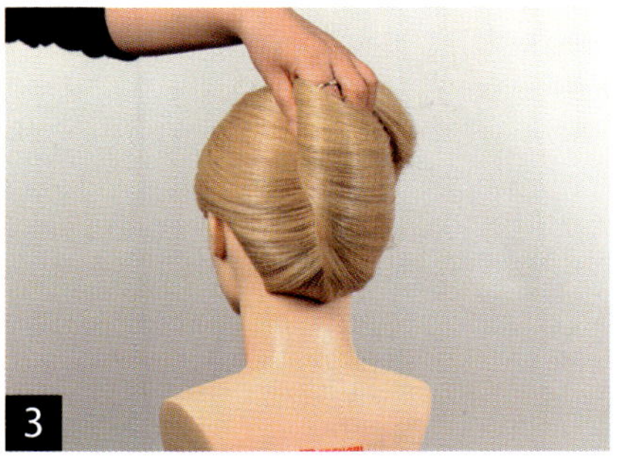

중간 각도에서 모발의 길이가 짧을 때는 백 부분에서 볼륨 작은 소라 형태가 만들어진다.

중간 각도에서 모발의 길이가 길어질 때는 백 부분에서 볼륨 큰 소라 형태가 만들어진다.

말기
(소라)
기본

높은 각도

높은 각도에서 모발의 길이가 짧을 때는 골덴 부분에서 볼륨 작은 소라 형태가 만들어진다.

높은 각도에서 모발의 길이가 길어질 때는 골덴 부분에서 볼륨 큰 소라 형태가 만들어진다.

1) 업스타일 준비하기

이어 투 이어로 섹셔닝 한 후, 후두부는 T.P에서 오른쪽 N.S.P에서 2cm 올라간 지점에 섹셔닝한다.

2) 말기 기법 시술하기

1

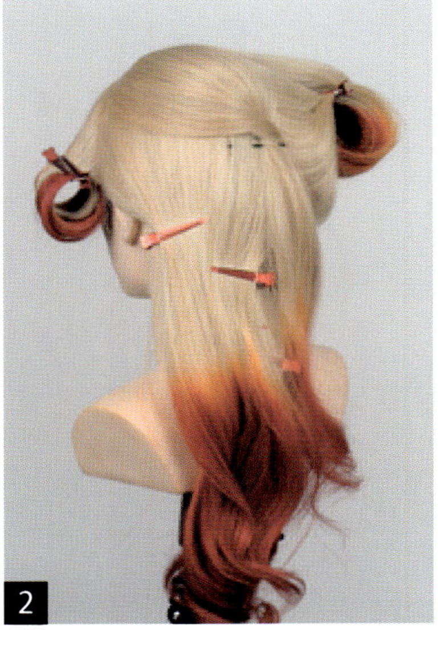

2

후두부 왼쪽을 3개의 파팅으로 나누어 패널의 10cm 정도 빽콤을 한 후 롤을 만든다.

핀 고정은 롤이 풀리지 않도록 적은 양의 모량을 이용하여 고정시킨다.
(*오른손 검지를 이용하여 패널 안쪽에서 롤을 돌려준다.)

윤곽롤을 할 때는 두상의 곡면을 잘 살려야 하며, 롤이 울퉁불퉁해지지 않도록 빽콤을 균등하게 넣어야 한다.

수직롤을 하면서 패널의 끝자락을 네이프에 남겨둔다. 남겨둔 패널 끝부분으로 빈 공간에 모양을 만든다.(*수직롤을 할 때는 왼손의 검지를 패널 안쪽에서 돌려주고 오른손은 패널의 끝부분을 잡아준다.)

10 11

C.P를 기준으로 좌우로 5가닥씩 만든다. 바구니 모양으로 패널을 서로 엮는다. 끝자락은 T.P 지점에 디자인한다.(*강조컬러가 섞이지 않도록 주의한다.)

12

우측과 동일 방법으로 한다. 사선 구도가 나오도록 탑 부분은 무겁지 않게 한다.

3) 업스타일 완성하기

9. 겹치기(Overlap) & 고리(Loop)

학습내용	겹치기 & 고리
수업목표	• 헤어스타일 디자인을 고려하여 헤어 세팅롤러 와인딩 방향과 각도를 조절할 수 있다. • 업스타일의 겹치기 & 고리 테크닉을 시술할 수 있다. • 디자인을 고려하여 브로킹, 빽콤, 토대 형성, 핀처리 등을 할 수 있다. • 겹치기 & 고리기법에 따라 업스타일을 마무리할 수 있다.

1) 업스타일 준비하기

센터 포인트를 기준으로 이어 투 이어로 나눈다.
후두부는 양쪽 이어 백포인트에서 연결하여 섹셔닝을 한다.

2) 겹치기 & 고리 기법 시술하기

3가닥 위로 집어 땋기를 하여 골덴 포인트 지점에 고정한다.
(이때, 집어 땋기를 한 부분에 싱을 고정하여 볼륨감을 주어도 된다.)

4

5

전두부에 좌우 4개 패널 나누고 먼저 2개의 패널로 아래로 겹치기를 한 후 패널 끝자락은 남겨둔다.(싱을 이용하지 않을 때는 볼륨 빽콤으로 풍성한 패널을 만든다.)

6

7

8

9

나머지 2개의 패널도 아래로 겹치기를 한 후 패널 끝자락은 위로 올려 다음 작업에 방해가 되지 않게 한다.

10

11

모여진 패널 끝부분은 아이론이나 세팅롤을 이용하여 작은 웨이브를 만든다.

4개의 패널로 위로 겹치기를 하고 남은 패널은 골덴 백 미듐포인트 지점에 모아둔다.

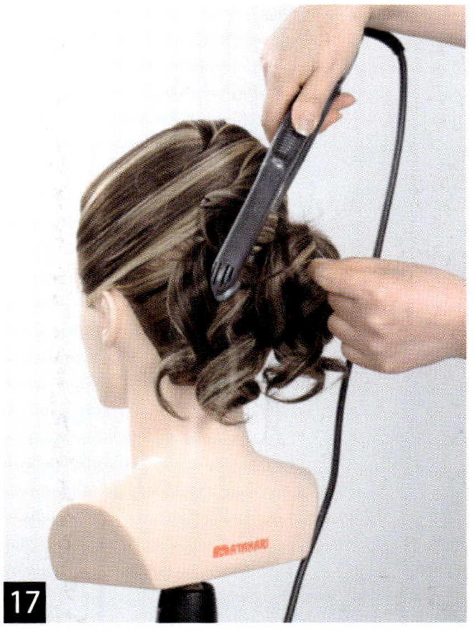

웨이브가 서로 엇갈리도록 하여 자연스러우면서도 깔끔하게 고정하여 마무리한다.
(*핀 고정은 패널 안쪽에서 시침질하듯이 하여 핀이 보이지 않도록 하고, 패널이 흘러 내리지 않도록 주의한다.)

3) 업스타일 완성하기

10. 꼬기(Twist) & 고리(Loop)

학습내용	꼬기 & 고리
수업목표	• 헤어스타일 디자인을 고려하여 헤어 세팅롤러 와인딩 방향과 각도를 조절할 수 있다. • 헤어 세트롤러를 제거한 후 스타일을 완성할 수 있다. • 업스타일의 꼬기 & 말기 테크닉을 시술할 수 있다. • 디자인을 고려하여 브로킹, 빽콤, 토대 형성, 핀처리 등을 할 수 있다. • 꼬기 & 말기 기법에 따라 업스타일을 마무리할 수 있다.

1) 업스타일 준비하기

헤어스타일디자인을 고려하여 헤어 세팅롤러 와인딩 후 롤러를 제거하여 빗질한다.

2) 꼬기 & 고리기법 시술하기

1 이어 투 이어 라인으로 섹션한다.

2 후두부 부분을 빽콤한다.

빽콤한 부분은 사선 방향으로 빗질 후 골덴 포인트에 포니테일하여 고정한다.

후두부는 여러 가닥 패널로 나누어서 고리를 만들어 고정한다.

8

9

10

11

12

13

전두부는 오른쪽은 왼쪽방향으로, 왼쪽은 오른쪽 방향으로 패널을 느슨하게 꼬기를 한다.
(* 방향은 볼륨에 영향을 준다.)

전두부 패널 끝부분을 골덴 포인트까지 연결하여 마무리한다.

3) 업스타일 완성하기

골덴 포인트를 중심으로 꼬기&고리를 응용한 디자인으로 텐션을 느슨하게 주어 네추럴한 디자인

기본 업스타일 [헤어스타일연출]

National Competency Standards

NCS

부록

포트폴리오

NCS 기본 업스타일

학교명	
학과(전공)	
이 름	
학 번	
지도교수	
제출일	
점 수	

MEMO

MEMO

디자인 요소에 따른 업스타일 분석 업스타일 형태 분석	
작품 선정	
디자인요소 분석	
분석 결과	

업스타일 질감 분석	
작품 선정	
디자인요소 분석	
분석 결과	

기법 실습일지	
선행학습	

기법 실습일지	
준비하기	
시술하기	
완성하기	

기법 실습일지	
선행학습	

기법 실습일지	
준비하기	
시술하기	
완성하기	

기법 실습일지	
선행학습	

기법 실습일지	
준비하기	
시술하기	
완성하기	

기법 실습일지	
선행학습	

기법 실습일지	
준비하기	
시술하기	
완성하기	

기법 실습일지

선행학습	

기법 실습일지	
준비하기	
시술하기	
완성하기	

기법 실습일지	
선행학습	

기법 실습일지	
준비하기	
시술하기	
완성하기	

기법 실습일지	
선행학습	

기법 실습일지	
준비하기	
시술하기	
완성하기	

기법 실습일지	
선행학습	

기법 실습일지

기법 실습일지	
준비하기	
시술하기	
완성하기	

참고문헌

- 미용장 실기/2009/청구문화사/홍도화외
- STEP BY STEP/2007/미디어뷰/이복자외
- PIVOT POINT LONG HAIR DESIGN/1998 Pivot Point International.Inc
- 미용정보신문연재/2008/어숙희

NCS기반 베이직 업스타일

초판 인쇄 | 2016년 3월 10일
초판 발행 | 2016년 3월 15일
개정 1판 발행 | 2018년 3월 30일
개정 1판 1쇄 발행 | 2022년 8월 31일

지은이 | 어수연, 손지연, 진용미, 유세은, 강주아
발행인 | 조규백
발행처 | 도서출판 구민사
(07293)서울특별시 영등포구 문래북로 116, 604호
(문래동3가 46, 트리플렉스)

전화 | 02.701.7421~2
팩스 | 02.3273.9642
홈페이지 | www.kuhminsa.co.kr

신고번호 | 제 2012-000055호 (1980년 2월 4일)
ISBN | 979-11-5813-571-3[13590]
정가 | 28,000원